マイブックレットNo.28

お母さんを支えつづけたい

――原発避難と新潟の地域社会――

髙橋若菜・田口卓臣 編

本の泉社

目次

はじめに …… 3

インタビュー
「お母さんを支えつづけたい
――福島から来た母子避難者たちの
二年半をふりかえって」 …… 7

避難したお母さんたちからの手紙 …… 41
しーさんの手紙
「娘たちへ……」 …… 42
うたはさんの手紙
「三・一一前の私へ」 …… 45
「次男へ」 …… 47
「今伝えたいこと」 …… 48

解説1　思いに寄り添い、力を取り戻す
――子育て支援で大切なこと …… 55

解説2　数字でみる福島県外の原発避難者たち
――自治体等によるアンケートをもとに …… 61

あとがき …… 69

表紙・本文イラスト：たかしま えいこ

はじめに

二〇一一年三月の東日本大震災から四年近くの月日がすぎました。震災・原発災害が重なるというかつてない事態に、全国では、いまだに一四万人を超える住民が避難生活を余儀なくされています。そのうち四・五万人は、福島県から県境をこえて四六都道府県へと避難した方々です。政府の避難指示があった地域からも、政府やマスコミが安全だという地域からも、大勢のお母さんたちが子どもを連れて避難しました。こうしたお母さんや子どもたちは、「母子避難」と言われます。家族に応援されて避難したお母さんもいれば、家族や地域が反対する中で避難してきたお母さんもいました。でも、「子どもの健康」を考えての決断という点で、皆おなじでした。お母さんたちは、それぞれにさまざまな思いや事情を抱え、慣れない土地で孤立して、悩みながら子育てを続けてきました。

一方で、全国にも、原発事故で心を痛めたお母さんたちが大勢いました。連日ニュースを目にして、同じ母として何かできることがあるのではないかと思ったのです。避難せざるをえなかったお母さんやお父さんたちは、今も不安や心配を抱え、それまでの日常生活を失い、慣れない土地で生きづらさを抱えて苦悩している。そのことを知った全国のお母さんたちは、大きな衝撃を受けました。とくに、子育て支援に関わる仕事をしてきたお母さんたちは、避難してきたお母さんたちを支えたいと即座に行動をとりました。今日にいたるまで、全国のあちらこちらで、子育て支援組織や市民グループ、そして無名の一般市民による小さな支援の輪が広がっています。みな、深い共感と尊敬の念をもって、避難してきたお母さんたちを支え続けようとしています。

このブックレットでは、新潟県新潟市を舞台に、そうした避難してきたお母さんや、お母さんを支え続ける地域社会の姿を紹介します。

第一部では、新潟市で支援活動を続けてきたNPO法人ヒューマン・エイド22代表の椎谷照美さんに、お話を聞きました。聞き役は、これまで被災者支援や調査にかかわった経験がある研究者たちによる「福島被災者に関する新潟記録研究会」です。インタビュー記録の構成・編集は、宇都宮大学の田口卓臣先生が担当しました。

ヒューマン・エイド22は、震災直後から支援を始め、変わりゆくお母さんたちに多様な支援を展開してきました。一貫しているのは、お母さんたちに寄り添う姿勢です。避難生活を続けるお母さんたち、福島県に戻る選択をするお母さんたち、避難をしていないけれど不安を抱えるお母さんたち、それぞれの思いを尊重し、心の変化に寄り添っています。子どもがすくすくと育つためには、自分らしく子育てをしようとするお母さんの気持ちを大切にすることが何より大事だと、深いところで理解を示しています。

第二部では、避難してきたお母さんがつづったお手紙を紹介します。Ｉさん（匿名）は、震災直後の半年で数回の引っ越しをして、新潟県で二年ほど避難生活を送り、福島県に戻りました。うたはさん（匿名）は、避難区域の外のお住まいが高度に汚染されていることを知り、避難を決断しました。今なおゆれ動く思いを抱えながら、避難生活を続けています。お手紙には、震災後三年を経た時点での心情が、支援者への感謝の声が、切々とつづられています。

続いて、子ども家庭福祉の専門家で、新潟市を舞台に支援活動にもかかわった新潟県立大学の小池由佳先生が、解説を加えます。母子避難を迎え入れた地域子育て支援現場からみえてきた、日本社会の子育て環境の弱さや、社会福祉にまつわる根源的な問題について、問題提起がなされています。また、編者のひとりである髙橋が、母子避難の状況について、自治体や大学組織が行ったアンケート・データを要約して、補足的に紹介します。

この地震大国日本で、全国にくまなく原発があることを考えた時、お母さんたちのお話は決して人ごとではありません。妊娠、出産を経験し、家庭、子育て、仕事の両立だけでも大変なお母さんたちに、原発事故は放射能被ばくという苦悩を突きつけました。避難をしてもしなくても、母子たちが、それぞれ自責感にさいなまれ、世間の強い風当たりの中で口をつぐみ、足がすくむ思いを経験していることが、支援現場や数々の調査からも明らかになってきています。しかし、子どもを守りたいという思いで、人と人、心と心がつながっています。このブックレットを通して、生きづらさを抱えるお母さんたちが全国にいることを、そしてそうしたお母さんたちを支え続けようとする人々が一般に知られているよりもはるかに多く、その裾野が広いということも、お伝えしたいと思います。

こうした数々の支援があるにもかかわらず、母子たちがおかれた状況は以前にもまして厳しいこともわかっています。原子力災害の帰結は、個人の問題としてすりかえられるべきではないことは、言うまでもありません。未曾有の事態を前に、国、自治体、地域社会、さまざまなところで、今後ますます創発的な対応がもとめられています。このブックレットが、今後の支援を考えるうえで少しでも参考になれば幸いです。

髙橋若菜

インタビュー
「お母さんを支えつづけたい
――福島から来た母子避難者たちの二年半をふりかえって」

特定非営利活動法人ヒューマン・エイド22代表
新潟市新津育ちの森
(通称:にいつ子育て支援センター育ちの森)館長
椎谷照美

育ちの森について

——本日は、NPO法人ヒューマン・エイド22代表、にいつ子育て支援センター育ちの森館長をされている椎谷照美さんにお話をうかがいます。よろしくお願いします。

NPO法人ヒューマン・エイド22の代表をしております、椎谷と申します。まず、「育ちの森とは何か」というところからご紹介しなければなりませんね。子育て支援センター育ちの森という施設がございまして、入園前のお子さんと保護者が遊びに来る場所です。対象者は〇歳から三歳。つまり、赤ちゃんが来たり、三歳児が来たりと、さまざまな年齢のお子さんたちがやって来ます。保育園ではありませんので、保護者の方と子どもたちがいっしょに遊びます。育ちの森の機能としましては、あそびの広場のほかに、一時預かりをしたり、セミナーをしたり(1)、相談や指導など、子育てに関するいろいろな事業に取り組んでいます。

子育て支援の立場から申しあげますと、〇歳から三歳までのお子さんは、子育てでいちばんたいへんな時期です。この時期の子育てをお母さんひとりで担うのは、本当にきついことだと思います。たとえば、夜泣きもそうですけれども、トイレ・トレーニング、離乳食、授乳、二歳児特有のイヤイヤ、それから三歳になりますと、エネルギーがあまって思いきりお母さんにぶつかってくるなど、何から何までたいへんなことばかりです。育ちの森の昨年度の子育て相談件数は二四〇〇件でした。一昨年度も三〇〇〇件を超えました。お母さんたちのだれもが、子育てのなかで悩んだり、不安になったりしています。ましてや、新潟という慣れない環境のなかで、ひとりで子育てしている福島のお母さんたちのサポートは、いまほんとうに不可欠なことだと思います。

新潟で子育てしているお母さんたちも、福島から避難してきたお母さんたちも、子育てしている母親同士という共通点でつながっています。新潟での生活に必要な品物を手に入れられる量販店や、遊び場所の情報を伝えたり、新聞をとっていない方のために子ども用品やスーパーなどのチラシ情報を提供したりと、話が盛りあがることもたくさんありました。子ども同士で自然と遊びはじめ、親子で楽しく過ごす時間も持てているようです。

一方で、放射能の影響による不安など、体にかかわることは当事者でなければ共感できないこともあります。そこで、育ちの森では、福島から避難してきた同じ境遇のお母さんたち同士で集まれる場所をつくってきました。お母さんたちが安心して参加できる環境にするため、全体をきちんと見渡せるスタッフがつくように心がけてもきました。

私たちは中越地震のときから法人として支援をおこなってきましたけれども、中越地震と今回の災害とでは、支援の仕方がまったく異なっていました、とくに今回の災害を通して、支援というのはどんどん変わっていかなきゃいけないんだな、目的も行動の仕方も、つねに変わっていかなきゃいけないいんだなと感じています。

私たちの取り組みについてお話しさせていただくことで、今後起こるかもしれない災害でお母さんと子どもが孤立しないようにするために、少しでもお役に立てればと思います。

（1）セミナー＝育ちの森で実施されている、主に保護者を対象としたグループ・セッション。テーマを設定し、そのテーマに関心を持つ人が参加して、知識を得たり、情報交換したりする場となっている。対象者限定のものから希望者が自由に参加できるものまで、テーマと目的に合わせてセッティングされているため、利用者が安心して参加できる。

Ⅰ　これまで

母子避難者支援の始まり
――これまで、福島のお母さんたちにどのような支援を展開してこられたのでしょうか？

最初にお話ししたいのは、福島で大きな事故が起きた直後、私たちがどういった活動をおこなっていたかということです。

まず、バザーをおこないました。中越地震のときにもバザーはおこなったんですけれども、全国各地に声をかけまして、いろんなものを送っていただいて、それをバザーでお金に変えていくというやり方です。さまざまな地域からいただきました。関東、関西、いろんなところからいただいたものを売りまして、それを支援金として寄付をしたことが始まりです。ある高校生の女の子が、「自分たちにできることはないかな？」と友だちに声をかけてくれて、たくさんの文房具を送ってきてくれたんですけれども、なかには書きかけのノートもあったんですね。たぶん書いている最中に「これも寄付しよう！」ということになったのかもしれませんが、同じように学校で学ぶ立場として、被災した生徒たちのことを思いやる心のこもったメッセージが入っていて、なんだかとってもうれしくなったことを覚えています。

その後、赤ちゃん一時避難プロジェクトが設けられた湯沢のほうで、福島からのお母さんたちがたくさん集まりました(2)。平成二三年七月一四日には、その湯沢でイベントがありまして、私たちも法人として手作りおもちゃのブースを出しました。そのときに、たくさんの親子が来られたんですが、そのうちの何組かの方たちが、「これから秋葉区に引っ越すんです」というお話をしてくれました。そこで、さっそくその方たちとつながることにしました。秋葉区の情報誌とか、いろいろな情報を提供いたしまして、「待ってるね」ってお伝えしました。

ところが、七月以降、なかなかお母さんたちが秋葉区に来なかったんです。日赤からの支援品、家具六点セットが届かないと、そう簡単には落ち着いた生活ができないということがありまして、みなさんがぽつぽつやってきたのが、八月ぐらいからだったと思います。区役所のほうには情報が届いていたのかもしれませんけれども、福島のお母さんたちがどこの地域に何人住んでいるのか、どのアパートに住んでいるのかというのは、私たちには全く分からなかったんです。お母さんたちが育ちの森に来てはじめて、具体的なことが分かってきたんですね。こうやって、ようやく育ちの森に情報が集まるようになりました。

一組、二組と、育ちの森に来るお母さんたちが八月ぐらいから増えてきて、でも最初は元気がありませんでしたね。子どもたちの表情も乏しかったです。それはそうですよね。やっとの思いで湯沢まで避難したのに、また新たな土地に引っ越さなければならなかったわけですから。湯沢では、ホテルでの避難生活でしたので、子どもたち同士で仲良しの友だちができていたんですが、それがばらばらになって、新たな土地に移って行ってしまいました。

ところで、秋葉区の一つの特徴なんですけれども、公立の幼稚園が七つあります。これは新潟市の中では秋葉区だけなんですね。公立七園あるとどうなるかといいますと、幼稚園の料金は減免に

（2）赤ちゃん一時避難プロジェクト＝被災地で乳幼児を抱える家族を受け入れ、滞在型の休養や医療面でのサポートを実践したプロジェクト。全国規模のNGOと行政のタイアップにより実現したもので、新潟県湯沢町のホテルや旅館など、民間の宿泊施設が提供された。プロジェクトは震災直後に立ち上げられ、二〇一一年八月末まで続けられた。活動の詳細は、http://baby.wiez.net/ で見ることができる。

なります。私立だとむずかしいのですが、公立の幼稚園は減免になりましたので、これが決め手になって、秋葉区に移り住んできたお母さんたちもいました。秋葉区は高速道路が近かったり、借り上げ住宅に住めたりと、お母さんたちの背中を押した材料が多かったのかもしれません。

秋葉区にやって来たお母さんたちですが、さっきも申しましたように、最初はほんとうに表情が乏しかったです。子どもたちもまだまだ環境に慣れることができない状況でした。そうすると、どういう行動が出てくるかというと、お母さんに甘えたり、激しく物を投げたり、情緒的にも不安定になっていて、お父さんと離れての生活の中で子どもながらにストレスを感じているようでした。

福島限定日とキビタンズ・サークル

――育ちの森さんが発行された「母子避難支援ガイド　ママたちの声をかたちに(3)」を拝見しますと、「福島限定日」という項目があります。これについて、ご説明いただけませんか？

「福島限定日」というのは、福島の方限定で利用できる日、という意味です。私たちは湯沢でのイベントに参加し、秋葉区のお母さんたちとつながり、その後で「福島限定日」を設けるようになりました。そうしましたところ、福島の方がたくさん来られて、どこに住んでいて、どうしているとか、お互いに情報交換することができました。その中で皆さんが今ほしいものはなんですかという話が出て、そこからキビタンズ・サークルという集まりが誕生しました。このサークルなんですけれども、代表になったのは、育ちの森の利用者だった方で、以前に福島から新潟に引っ越してこられた方でした。ですので、新潟に住んでいる福島出身の方がリーダーになっているわけです。これがすごく大きなポイントです。少しずつお話ししていきますが、福島から新潟にやって来た人にしか理解できないことがたくさんあるからです。

新潟だけでなく、他の県でも福島から来た方たちのサークルが立ち上がっています。でも他の県では、いろいろと問題が出ているようです。たとえば、リーダーになった方が、福島に帰るというケース。「リーダーなのに、どうしてサークルを放って帰るの？」などと言われてしまうんですね。ですから、避難している方が、こういうグループの代表を務めるのは、とても大変なことです。秋葉区で発足したキビタンズ・サークルは、すでにリーダーが新潟に住んでいたので、その辺の事情がクリアできたわけです。これはとても大きかったです。リーダーさんがお仕事で来られないときには、秋葉区の社協福祉協議会の担当者の方か、あるいは私どものスタッフがサークルにおりまして、運営のお手伝いをしてきました。

ママ茶会

——同じく「ママたちの声をかたちに」には、「ふくしまママ茶会」という項目もあります。

キビタンズ・サークルができて少ししてから、「福島乳幼児・妊産婦ニーズ対応プロジェクト新潟チーム[4]」の代表をしていらした宇都宮大学の髙橋若菜先生から「ふくしまママ茶会を開きませんか？」というお誘いがありました。これも本当に大きなことでした。ママ茶会がなかったら、お母さんたちが何を求めていらっしゃるのか、分からずじまいだったと思います。

育ちの森で開いたママ茶会には、たくさんのお母さんたちが集まりました。ただ、育ちの森では、残念ながら一〇人の子どもしか預かれないんですね。育ちの森には保育ルームがあるんですが、消防法の関係で、子どもが一〇名を越えると預かる

(3) 平成二四年一二月発行の冊子。福島から避難してきたお母さんたちの声を少しでも広く知ってもらうために、ヒューマン・エイド22、育ちの森が企画・制作したもの。

ことができません。たとえば、セミナーに参加する保護者が全員、二人の子どもをお持ちだとしますと、その時点で子どもは一〇人ですから、大人は五人しか参加できないということになります。こういう形で、子どもの数で参加者の人数が決まってしまうんです。

（4）福島乳幼児・妊産婦ニーズ対応プロジェクト＝放射能による健康被害の不安を抱える乳幼児や妊産婦を含む家族と、避難中の乳幼児や妊産婦を含む家族へのサポートを行うことを目的に、主に首都圏や北関東の大学教員らが立ち上げたプロジェクト。同新潟チームは二〇一一年六月に活動を開始し、避難者のニーズを聴き取り、行政や支援団体につないできた。また、孤立しがちな母親たちのニーズにこたえ、地域組織等とも提携しながら、彼女たちの交流を主目的としたママ茶会を二〇一一年度から一二年度にかけて計一四回にわたり開催した。

ママ茶会では、お母さんたちが涙を流しながら話してくれたことが、印象に残っています。子どもの前では涙を流すことができなかった。自分が泣くことで、子どもが心配するからやっと泣けましたって。一番多く聞かれたのは、「子どもと離れられて良かった」、「大人と深刻な話がしたかった」という声でしたね。家族のこと、生活のこと、子どもの前で話ができないこと。こういったことについて、ママ茶会で知り合った人とお話しできてよかったと、すごく喜んでくれました。

私たちの支援は、自分たちが「これでいい」と思う支援ではなくて、お母さんたちが支援の中身を膨らませていくという方向を目指しています。状況の変化、ママたち自身の変化にあわせて、私たちの支援のあり方も変わっていくのが自然だと考えています。初めに「福島のお母さんたちと出会いたい」という声がありまして、髙橋先生が提案してくださったお茶会がそれにマッチしました。

このお茶会でいろんなつながりが広がって、「この後どうしようか?」という話になって、「じゃあ、今度はみんなで語りあうお話会を開こう」ということになりました。このお話会も、基本的にはママ茶会と似たようなものですが、「福島県子どもの心のケア事業(5)」から委託を受けていた点が違っています。

こうして、福島のお話会がありまして、それが今度はサロンにつながっていきます。このサロンは、「親子一緒」がポイントです。お茶会もお話会も、「母子分離」でやっていたわけですが、サロンでは親子が一緒になって交流するんですね。平成二三年の支援は、ママ茶会、お話会が中心でしたが、お母さんたちがこれを形にしていく過程で、サロンが始まって、平成二四年になると、今度はサロンのほうに支援の重心がシフトしてきたわけです。

(5) 福島県子どもの心のケア事業=後出。

お話会

――お茶会とお話会の違いをもう少し説明していただけませんか。

お茶会とお話会は、ほぼ同じ交流会ですけれども、さっきも申しましたように、委託先が違うので、名前を変えてみたんです。ただ、名前を変えた理由はほかにもあります。髙橋先生が提案してくださったママ茶会は、お昼ご飯がつく時があったんですね。お茶会が終わってから、皆さんでランチ券を持って、お昼ご飯を食べに行く機会があったわけです。このランチ券は、地元のレストランで特別に作っていただいたもので、あの時は本当に助かりました。お母さんたちにも大好評でした。

一方、お話会にはランチ券がついていませんでした。お母さんたちが、ランチ券のつく会だと勘違いしないように、名前を変えたわけです。内容的にはほぼ同じもので、ファシリテーターとして育ちの森のスタッフが一名入りました。平成二四年の支援はこうした形で進んでいきました。

とにかく、この「福島限定日」に、お母さん同士で情報交換したいという声が多かったですね。とくに「二四時間子どもとつきっきりの生活から離れたい」という要望が強くありまして、その声を受けてさまざまな支援をおこなってまいりました(6)。

初めにも申しましたように、子育て支援の立場からいいますと、〇歳から三歳までのお子さんは、子育てで一番たいへんな時期です。そんな時期にお父さんと離れて、お母さんひとりで育てなければならなくなるのは、すごい負担があります。たとえば子どもが二人いたら、二人ともお風呂に入れなきゃいけない。愚痴を言いたくても、夫は一人で生活しているので愚痴が言えない。ぜんぶ自分でためこまなきゃいけない。そういった子育てのストレスを背負う不安感、孤独感がとても大きいわけです。もうひとつは「本当にこれで良かったのか?」という自問自答のくりかえしですね。

自分が避難したことで、子どもにとって良かったのだろうか、と。こういった状況を踏まえ、私たちの支援についてあちこちで広報する時には、ぜひ小さいお子さんを抱えたお母さんたちへの支援を厚くしてほしいと訴えてまいりました。

(6) ママたちの声をかたちに」、四—五頁を参照

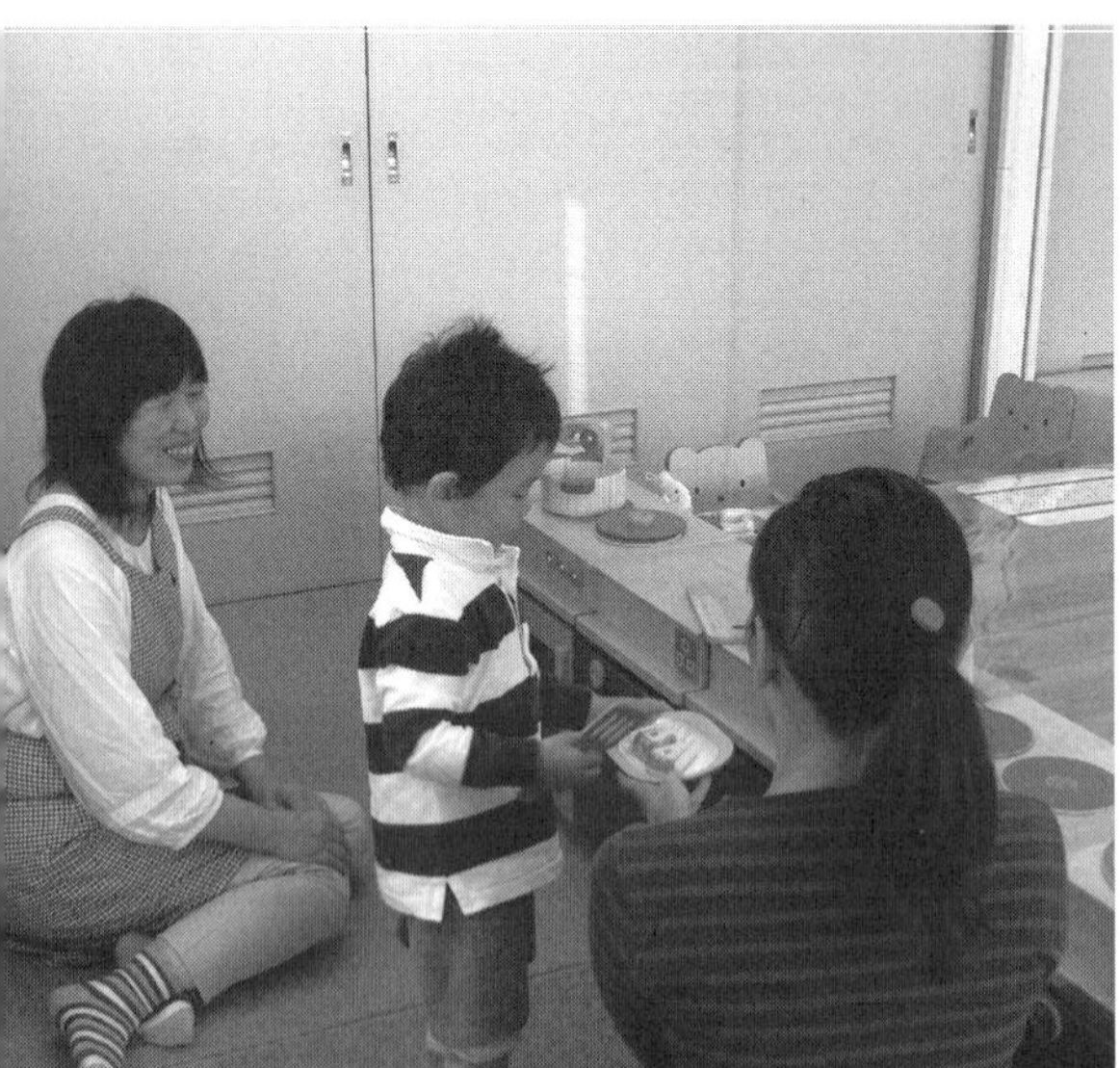

Ⅱ　現状

二年目の変化

——福島のお母さんたち、お子さんたちの現状についてお聞かせください。

まず、子どもというのは、やっぱり環境に慣れると、楽しく過ごせるんですね。福島に帰ると、葉っぱ触っちゃいけない、土触っちゃいけない、石触っちゃいけない。けれども新潟にいると、石でも何でも触っていい。本来子どもの求めている外遊びができます。それに、子どもたちは新潟の子どもと仲良くなってすくすくと育っていきます。最初は表情が乏しくて、避難先の環境になじめない子どももいたのですが、今では落ち着いて、ものすごく楽しく過ごして、新潟で入園しています。

ですので、子どもたちの一番大きい変化は、友だちができてきて、新しい生活にも慣れたことですね。幼稚園や保育園で友だちがたくさんできたわけですから、その点では新潟の生活を楽しんでいる様子です。一年目のときにはお母さんたちは「子どもの悲しい顔を見るのがつらい」とおっしゃってましたが、今はそういう声は少ないです。当初は子どもが泣き叫ぶのを見て、「本当に避難してきて良かったのか」というのがお母さんたちの悩みの種でしたけれども、子どもはもう元気にすくすくと遊んでいます。

では、お母さんたち自身はどうかと言いますと、別の意味で変わってきています。まず、一年目はとにかく友だちが欲しかった。個人と個人でつながりたかった。ですから、私たちもそれを最優先に考えて支援を進めていきましたが、二年目になると支援の形が変わらざるをえなくなってきました。たとえば、ママ茶会がなくなります。それから、後でお話ししますが、ノーバディーズ・パーフェクトがなくなります。逆に手厚くしていったのがサロンです。二年目は毎月、サロンをすることになります。それから、キビタンズ・サークルは、二年目も続けています。一年目にはじめたお話会も続けてはいますが、だんだん比重が小さくなってきています。

サロンが大切になってきた

――お話会とサロンの違いは何でしょうか? なぜ、サロンの比重が大きくなったのでしょうか?

お話会は「母子分離」なので、子どもがいません。このお話会の場合、お母さんたちはお母さんたちだけで、深い話ができます。でもサロンの場合は、なかなかそういう話まではできません。どちらかというと世間話が多いです。

サロンに関しては、なるべくスタッフを変えないようにしています。全体の状況が分かるということを大切にしているからです。育ちの森のスタッフ一名が、サロン全部に関わってきて、同じ部屋の端っこのほうで、必要に応じて個別相談をおこなうこともあります。これは、お母さんたちが母子交流をしている最中に、急に「どうしても今、相談したい」って言うからなんです。「今、ここで聞いてほしい」と。そうしますと、育ちの森には基本的に他にスタッフが三名おりますので、三名がお子さんたちを見て、その隅っこで相談ということになります。最初から親同士だけで、さあお話会をはじめましょうというのではなくて、とりあえず親子で来てみて、だんだんだんだん感極まってきて、どうしても個別相談を聴いてほしくなるというケースが、今は多いんです。気軽に来てみて、場合によっては相談ができるという選択肢を、お母さんたちが求めているわけです。

これは、お母さんたちの心境の変化が影響しているのかもしれません。以前は、こういうお話会を開くと、抽選になるぐらいの大人気だったんですが、ある時期からお母さんたちが全然来なくなってしまったんですね。こういうことは、至る所でありました。新潟だけではないんですが、自分の言ったことが変な方向にねじ曲がって伝わっていくことを心配されているようです。テレビとか新聞の取材には一切答えたくないというお母さんが多くなりました。

個別相談の増加

――お話会の回数が減っていった背景がよく理解できました。

逆に、個別相談はどんどん増えています。電話相談も増えています。以前とは違って、スタッフと一対一で相談したいというケースが増えています。あくまでも推測ですが、他の人と無防備につながりすぎることに、抵抗を感じるようになったのかもしれませんね。他県の事例で聞いたんですが、それぞれの避難先で、子どものいじめや、親御さん同士のトラブルが起きているそうです。とくに子どもがいじめにあっているお母さんたちは、すごくつらい思いをされていることと思います。最初は同じ境遇の人とつながりたいという気持ちだったのが、二年目ぐらいになると同じ境遇の人であっても、つながりかたを考えるといいますか、そういう心境の変化が起きているのではないでしょうか。

二年目の変化としては、福島に帰られる方も多くなってきましたね。それは家族の関係もありますけれども、小学校に入学するとか、幼稚園、保育園に入園するとか、さまざまな事情がありまして、お母さんたちが帰りはじめたわけです。そんななかで、私たちは福島県から委託を受けまして、「福島県子どもの心のケア事業」の一環としてサロンを始めています。この辺の事情についても、後で詳しくお話ししますが、とにかくこの事業があるおかげでサロンが開催できているという状況です。

それから例のお話会ですが、これも二年目になって名前を変えました。お母さんたちが、「福島、福島って言ってほしくない」とおっしゃるんですね。そこで、「島」を付けず「ふくママサロン」とか、「ふくママ茶会」という名前をつけなおすことになりました。

それから「リフレッシュセミナー」というイベントを開催しています。これは単に「いっしょに話しあう」というやり方では、ひとが集まらなくなったので、お母さんたち同士でモノづくりをするという場を設けてみたんです。かなり喜んでいただいているかな、という印象があります。

その他にも、昨年度は支援者研修をおこないまして、今現在、支援をしている方々と集まって、グループワークをしたり交流会を開いたりしました。

こういったわけで、今日どうしてもお伝えしたかったのは、一年目、二年目、そして現在では、どんどん支援を変えていかなくてはいけない、ということです。必要な支援と、もうしなくてもいいだろうという支援を、そのつどきちんと考えなくてはいけません。いま手厚くしなければならないのは、サロンです。サロンに関しては、お母さんたちの声が多くあるからです。たとえ一人になっても、来る人が一組、二組になっても、サロンは続けてほしい、と。「今月は行けなくても来月は行こう」とか、「まだサポートしてくれる人たちがいるんだ」とか、そういった気持ちになれるだけで助かる、だからサロンは本当に続けてほしい、と。支援そのものがどんどんどんどんなくなってきていますから、サークルは引き続き来年度も開催するつもりですし、サロンも引き続き開催していこうと思っています。

ノーバディーズ・パーフェクト

――育ちの森さんが作成された「ママたちの声をかたちに(7)」を拝見すると、ノーバディーズ・パーフェクト(8)という興味深い企画についても書かれています。

NP（ノーバディーズ・パーフェクト）という企画を開催したのは、昨年度のことです。もともとカナダの親支援プログラムなんですが、このプログラムには「完璧な親、完璧な子どもはいない」、「できるのは最善をつくすことだけであり、時には助けてもらうことも必要」という考え方が大元にあります。このNPセミナーを、福島のお母さんたちを対象に実施したんですが、とても好評でした。六回シリーズでしたが、深い話がたくさん出たようです。

まず、お母さんたちに、どういう話がしたいかを付箋に書いてもらいます。やってみて分かったのですが、やっぱり福島のお母さんが話したいことは、新潟のお母さんたちとは違っていまして、家族のこと、食のこと、放射能のことが出てきます。そうやって、いろんな付箋に書いてもらった要望を分類しまして、六回に分けて話をしたわけです。安心して子どもを預けながらできるので、お母さんたちも喜んでいました。ただ、志望者が殺到したので、抽選にせざるをえませんでしたけれども。

このプログラムは、新潟県の委託事業で始まりました。やっぱり支援の中には、県から委託していただいて、初めて実現できるものがたくさんあります。たとえば、保育料がかかるものですね。保育料がかかるプログラムは、四人のスタッフがいないとできません。その分だけ人件費がかかる

（7）前掲「ママたちの声をかたちに」、一一頁を参照。

（8）ノーバディーズ・パーフェクト＝子育て中の保護者たちが、お互いに抱える悩みを共有し、最終的に自分で解決方法を見いだしていくという、カナダ発祥のプログラム。このプログラムのファシリテーターを務める者は、きわめて重要な役割を果たしている。初回は軽めのテーマを設定し、後半から重いテーマを扱うようにしていくのが一般的である。現在、日本各地で、子育て支援の方法のひとつとして有効と考えられており、新潟県も全県を挙げてファシリテーターを養成中である。

わけです。お金がかからないのは、キビタンズ・サークルの支援でしょうか。ですので、県からそれなりの金額を支援していただかないと、福島の問題に向き合うことはできないなと感じています。

――福島の方たち限定のNPを実施しようと思われたのは、どのような事情があったのでしょうか？

この県のNPセミナーを実施するにあたって、まず区役所と話しあいをいたしました。そして区役所のほうから、「いま、福島のお母さん向けのNPがとっても必要です」と県に申請をしていただいたんです。それがぶじ通って、県から予算をいただいて、開催することができました。NPにあたっては、かなり慎重に運びました。いろんな専門家の先生方に相談にのっていただいて、NPをファシリテートするスタッフともよく検討をしてからおこないました。

といいますのは、あまりに深すぎる話をしてしまうと、お母さんたちが後で、あの話はしないほうが良かっただろうかと思う可能性があるからです。新潟のお母さん向けのNPセミナーでも、実際にそういうケースがありましたから。ただ、育ちの森で実施するプラス面もあって、NPのファシリテーターがうちのスタッフですので、NPのセミナーではないときでも、そのスタッフに相談ができるというメリットがあるんですね。おかげで、保健師さんにつなげることができたケースもありました。ここは秘密が守られる場所ですし、「絶対に他の人には話をしてはいけない」というルールを決めたところ、お母さんたちも安心してお話を展開していきました。NPセミナーは本来は年三回で抽選という形をとっていますけれども、福島のお母さんからの申し込みはこのとき一回きりでした。もしかすると、抽選で落ちてしまうと思ってらしたのかもしれないですね。

ノーバディーズ・パーフェクトの方法と効果

――ノーバディーズ・パーフェクトの方法についてもう少し教えていただきたいのですが、お母さんたちが一緒に話をするのですか？　それともそのスタッフの人と個別にお話をするのでしょうか？

スタッフがファシリテーターとして一名入ります。お母さんたちは机を囲んで座って話をします。毎回テーマは変わりますが、たとえば今日のテーマは「家族」という風に決めて順番にお話をしていくわけです。このプログラムでは守秘義務のルールだけではなくて、「話をしたくなかったらしなくていい」というルールもあります。つまり、無理して話させるようなことは、絶対にしないんです。お母さんたちの中に、「この話はできるけれども、この話は言わないでおこう」という部分は確かにあるはずですし、ファシリテーターがそれを引き出すようなことは決してありません。福島県立医科大学の古橋知子先生もおっしゃっていることですが、「セミナーを担当する者が心得ておかなくてはいけないこと」があるんです。参加者に話すことを強要しない。話をパスしてもいいし、何も話さなくてもいいという選択肢を保障する。要望がない限り、人に助言することは極力控えるなど、いくつかの大切なルールです。ですから、お母さんたち自身が選択できるようになっています。その過程で、特にスタッフに聴いてほしいことが出て来た場合は、個別に相談することもできるということです。

でも実際にやってみると、スタッフが「家族のことで何かありますか？」って尋ねてみて、一人が話し出すと、みんながどーんと話し出します。そんなふうに話し出した人たちの話を、ファシリテーターがうまくつなげていくという形で進んでいきます。ですので、家族の問題がすごく深いときには、二回おこなう場合もあるかと思います。たとえば、全六回の中で、家族のこと、夫のこと、健康のことというふうにあらかじめテーマが決まっていたとしても、一回で話し切れないときは、二回目にも「家族」を入れるとか、臨機応変に進めていきます。こういう形で同じ人たちが六回も集まるというセミナーはほとんど存在しません。

私自身は、新潟のお母さんを対象にＮＰのファシリテーターをやったことがありますが、これに参加した人たちはだいぶ変わりますね。他のひとの意見を聞いて安心したりとか、子育てにも自信が持てるようになって、子どもに優しく接するようになったとか、いろいろな効果があります。

これまでの経験でいえば、ＮＰで話し合いをしてみると、共感を示す人が多いです。「実は私もそうなんです」と。福島県のほうでも、ＮＰのファシリテーターの養成が始まっていて、各地でお母さん向けのＮＰが開催されだしています。ＮＰでは、ファシリテーターの役回りが本当に重責で、私もそうでしたけれども、セミナーに入るとお昼も食べられない状態になります。本当に胃が痛くて、ぐったりしてしまって。そういったスタッフのフォローもしていかないといけません。

ですから、テレビ取材をしたいというお申し出もいただくんですが、ＮＰに関しては、新潟のお母さんの時も、福島のお母さんの時も、お断りさせていただいてます。テレビカメラが入ると、深い話ができなくなってしまいますから。参加者の皆さんはすごく時間を大事にしてらっしゃいますので、どういったことが話せたかは記録として残しますけど、公表することはほぼないです。時間は二時間。でも皆さん、足りないっておっしゃいます。最後のほうになるほど、気持ちが楽になってきて深刻な話をする方が多いですね。新潟のお母さんたちの子育て支援に関しても、それから福島の問題に関しても、こういった動きがどんどん出てきています。

夫にいえないつらさ

――ノーバディーズ・パーフェクトの開催時期は、平成二四年度二月～三月です。これはちょうどお母さんたちにさまざまな心境の変化が起きていた頃と考えてよいのでしょうか？

そういってていいと思います。避難の長期化にともなって、心労のあまり体に支障が出てきたという方もいらっしゃいましたし、つらくてつらくて福島に帰りたいという方もいらっしゃいました。私たちも、相談の全てを自分たちで解決できるとは思っておりませんので、区の保健師さんやいろんな専門家の方々につなぐようにしています。

「これこれの状況について、夫には相談できない」という声も多く聞きましたね。夫は福島で、たった一人で頑張っているから、どうしても言えないんですって。やっぱり相談体制の強化がすごく大事になっていると思います。それから安心して話ができる場所が確保されているということ。「ここに来れば、ちゃんと話を聞いてくれる人がいるんだ。私は安心して子育てができるんだ」と、ずっとずっとお母さんたちに思ってもらえるような環境にしていくことが、本当に必要だと思います。

――夫に話せない理由について、もう少し詳しくお話しいただけませんか？

「つらい」と言ったら「じゃあ帰ってこい」と言われることでしょうか。ただ、それだけでもありませんね。あんまり負担をかけたくないという気持ちもあるんでしょう。お父さんも一人で働いて、一人でご飯つくって、洗濯をして、大変だろうとか。お父さんの中にだって、お母さんに聞いてほしいことがあるのが分かるとか。そういった色々な背景があって、「この話はできるけど、この話はできない」という取捨選択が働いてしまうんだと思います。お母さんたちは、みんなそれぞれ帰らない理由がちがっていますが、夫から「そんなに言うんだったら帰ってこい」と言われたら一番つらいと思います。

ここには、明らかに状況の変化も影響していますす。たしか高速道路が無料にされていたのは一年目だけでしたよね。平成二四年の七月以降は、有料になったはずです。今までは高速道路が無料だったので、お父さんたちも新潟に来やすかった。ところがこの頃から、お父さんたちがやってくる回数が減ったんです。それで、お母さんたちとしても、会って話す分にはいいことでも、電話ではなかなか言えなくなってしまいます。お父さんと会っていれば、いっぱい話ができて、なんとか気持ち的に持ちこたえていることができた。でも会えないと、そうは行かなくなってきます。それでお母さんたちのストレスがたまってきたというのは、確かにあると思います。

お母さんたちとしては、自分から福島に帰るのは、あまりしたくないんです。特に小さいお子さんを車に乗せたりすれば、途中でわあわあ泣きだしますし、お腹に赤ちゃんがいる状態で車に乗ったりするのは、心配もつきません。やっぱり、お父さんに来てほしいんですよね。

気候の違い、放射能への不安
——お母さんひとりで抱え込まなければならない不安の大きさは、察してあまりあります。

それに関連してもうひとつ挙げておきますと、避難一年目の時期は、非常に大雪になりました。お母さんたちは、おんぶしながら雪かきをしなければいけませんでした。傘もさせないので、子どもの頭に雪が積もって、それだけで気持ちがくじけそうになったとおっしゃっていました。福島の中通り、たとえば郡山って、たしかあんまり雪が降らない地域でしたよね。雪が降らないところから飛びこんできて、いきなり大雪の経験をしてしまった。新潟は豪雪地帯ですから、冬に雪が降ると、本当に子どもと一対一で家にこもる機会が増えてきます。「冬鬱」という言葉もあるくらいですし、ストレスはたまる一方です。ですから、さまざまな異なる要因が重なってきたんだろうと思います。

――それでも福島に戻らないと決めたお母さんの場合、どんなことがその決断の理由になっているのでしょうか？

やっぱり放射能が一番大きいですね。お母さんたち、みんな帰りたいんです。放射能さえなければ帰りたいという気持ちが、根底にはあります。ですので、毎年「もう帰れるかな、もう帰れるかな」と思っているわけですけれども、まだまだ数値が高いわけです。計画区域じゃないんだけれども、汚染の数値が高い。それが一番の理由ですね。

ただ、「いろんな事情で帰れない」というお母さんたちもいらっしゃいます。自分のなかで納得して帰らないお母さんもいらっしゃいます。逆に、もうお母さん自身が限界になってしまって、「やっぱり家族が一緒じゃなきゃ」と納得して帰る方もいらっしゃいます。納得して帰る方、納得していないけれども帰らなきゃいけないという方、自分のなかで帰らない選択をする方。この三通りでしょうか。

福島に戻るお母さんたちを支える

――育ちの森さんの資料には、しばしば「福島県子どもの心のケア事業」のことが登場します。これは具体的にはどういった事業なのでしょうか？

「福島県子どもの心のケア事業」は、ビーンズふくしまさんのおかげで成り立っている事業です。ビーンズふくしまさんは、東京にある「東日本大震災中央子ども支援センター」から委託を受けて活動をされている団体さんです。もともと福島県の子育て支援、とくに不登校の子どもたちのサポートをしてこられたNPO法人ですが、今回、福島が被災したことを受けて、国としても窓口が必要と判断したのでしょうか、現地での拠点窓口としてこのNPOに委託したようです。いま、ビーンズさんが中心になって、福島の支援団体の人たちともつながりの輪を広げようとしています。そのビーンズさんに県外避難者の担当窓口がありまして、新潟県で県外避難者を支援する団体を探していらしたんですね。そんな経緯で、私たちのところに依頼がきました。

育ちの森でやってきたことのなかで、ビーンズふくしまさんとのつながりは、ものすごく大きなことだと私は思っています。ビーンズさんは、サロンにもときどき顔を出してくれますし、こちらからも年に三回福島に行っています。ほかにも他県で「子どもの心のケア事業」を実施しているところとの交流があります。山形と、仙台と、埼玉と、東京です。ちょうど今週の土曜日にも情報交換の会議がありまして、いまでも交流がつづいています。いま、福島から避難されている方が一番多いのは山形なんですけども、山形の現状とか、仙台の現状とか、さまざまな状況を聞くことができます。

私たちがビーンズふくしまさんや、こういう会議でお伝えしてきたのは、「いちど避難して、福島に戻ってきたお母さんたちのケアをしてほしい」ということです。お母さんたちが福島に帰ったときに、「自分たちは受け入れてもらえるのだろうか」とたいへん心配されているんですね。「ひとりだけ逃げた」というふうに捉えられているのではないか、と。特に小学校など、父兄が集まるような場所に出て行くのが怖い、というテレビの報道もありましたけれども、やはり帰ったときの居場所が欲しいという声は切実にあります。こういう声を背景に、ビーンズふくしまさんのほうで、福島に帰ってきた方限定のサロンをやっております。私たちのほうでも「帰る」と決めたお母さんがいたときには、このビーンズふくしまさんのサロンをご紹介しています。これはいちど避難した方だけが対象です。福島に残った方は来ることができないサロンになっていますので、そこで安心して情報交換ができます。最近は、お母さんと子どもが県外に避難しているお父さん向けのサロンも開いたと聞いています。こちら側からビーンズさんのほうに、福島での支援の強化をお願いして、情報交換をしている状況です。

状況の変化、心境の変化

――「ビーンズふくしま」という名称は、「福島」をひらがなにしてありますが、これはなぜでしょうか?

名称そのものは、震災前からひらがなでした。ただ、震災後は、こういう言葉のひとつひとつに目が行くことが増えましたよね。現実問題として、お母さんたちの気持ちとしては、「福島」という言葉はとにかくつけないでほしい、「被災者」という目で見られたくない、というのがあります。もう新潟に住んでいるのだし、特別視されたくないんですね。これは中越の支援をしていたときも同じでした。いつになっても「被災者」と言われつづけるのが嫌だって。これから立ち上がっていこうとしているときに、そんなことは言われたくない、とこぼしていた方がいらっしゃいました。こういった気持ちに寄り添いながら、刻一刻と変化しつづける状況を前にして、私たちの支援もどのように変わるべきかを、いつも手さぐりしているところです。

状況の変化ということで言いますと、新潟で出産される方が多くなってきています。これから福島から避難してくるという方の情報もあります。事故後二年目に避難してきた方も少なくありませんから、これは自然なことかもしれません。新潟に住んでいるお母さんたちがこの事実をキャッチして、サロンに連れてきてくれたりもしました。いったんお母さんたちのネットワークにつながれば、こういった情報がありますよ、とお伝えできるんですよね。

一方で、今でもあちこちから残念な話が耳に入ってくることは、すこし気がかりです。この間も、福島ナンバーの車を止めているとき、誰かに傷をつけられたとか、「福島に帰れ」と言われたりとか、そんなニュースがありましたよね。ごく最近のことですよ。もちろん、元気に過ごしている子どもたちもたくさんいます。でも、こういう情けなくなるような話もあって、本当にいろいろですね。

私たちの支援としましては、これまでお話ししてきたように、「ふくママサロン」のほかに、「ふくママリフレッシュセミナー」も実施しています。本当は二回で終わる予定だったんですけれども、お母さんたちからとにかくもう一回話がしたいという要望があったので、三回になりました。それから「ふくママ便り」という通信を春から出してきました。もう少ししましたら、宮城で精神医学の研究をなさっている本間博彰先生(9)の講演会を開催しようと思っています。本当に支援者は聞いておいたほうがいい内容だと思います。特に子どもの行動を理解するうえで、必須かなと思っています。子どもがこういう行動をするのには、必ず何か理由があるということをお話ししてくださいます。お母さんの不安の持ち方に関しても、詳しく説明をしてくださる先生ですので、とくに支援をされている立場の方たちに受講していただければなと思っています。

(9) 本間博彰先生＝宮城県保健福祉部次長(技術担当)兼宮城県子ども総合センター所長。

Ⅲ　今後の防災とケアを考えるために

女性の視点

——三・一一の災害を経験した今、今後の防災やケアに何が必要だとお考えですか？

　私たちはお母さんたちに寄り添うという立場に立って、まず何をおいてもお伝えしなければと思うことがあります。女性の視点で新潟市の防災を考えるワーキング・グループがありまして、私もメンバーに入っているんですけれども、おひとりだけ、福島から避難されてきたお母さんもメンバーになっています。今まではなかなか女性の視点に立った避難所運営がなくて、福島の災害でも残念なことがたくさんありました。

　たとえば、女性の生理用品を受け取れなかったりとか、女性にとって必要なものをその避難所ではいただけなかったりとか、そういうことがありました。このワーキンググループは、女性だけで構成されていて、「避難所では必ず女性の視点を入れましょう」、「乳幼児を抱えるお母さんたちをきちんとサポートしましょう」といったことを話しあいました。

　今後もいつ災害が起こるか分からないわけですから、「女性の視点は非常に大事」と報告書にも書かせていただきました。育ちの森でも二回ほど防災課の方に来ていただきまして、災害のときに子どもを守るためにどう動くか、その備えと行動について乳幼児向けのサロンで話していただきました。今回の福島の災害で、新潟を含めたあちこちの避難所で大変な思いをされた方の経験も踏まえて、今後の防災の現場でケアの改善につなげていけたらな、と思っています。

さまざまな背景と事情
――それにしても、お母さんたちを取り巻く状況は大変なことが多いと感じます。

私はこれまで、お母さんたちの大変な状況をいっぱいお話ししたんですけども、前を向いて立ち上がっているお母さんたちもたくさんいることは、やっぱりお伝えしておかなければなりません。早い時期に新潟に来ていたお母さんたちは、もう新潟でのお母さん友だちがたくさんできていて、お互いに助け合っているんですね。大変な状況に置かれているお母さんがいらっしゃるのも事実ですが、お母さんたちの輪が広がってきていることも事実です。当初、元気のなかったお母さんが今はすごく元気になって、新潟の市民として生活をしていらっしゃいます。そういう方たちは「お父さんに、新潟に来てほしい」、「こんなに元気に遊んでいる子どもを見ると福島に帰りたくない」とおっしゃってます。

ですので、こういう人がいれば、ああいう人もいて、というふうに全体の多様性や変化を見つめながらのほうが、よりよい支援ができるのではないかなとも思っています。いろんなお母さんたちの声を聞いて、本当に必要なことを見据えなくてはいけないと思うんです。たとえば、新潟でそれなりの生活をつづけていくには、経済的なものも無視できません。お仕事をしなくては生活が成り立たないお母さんたちもたくさんいます。とくに、子どもが保育園に入園した場合はそうですね。

その保育園に関しても、念頭に置いておかなければならないことがあります。一般に、抽選のある公立の保育園ですと、途中から入園するのはとても難しいんです。ですから、福島から避難されてきたお母さんたちにとっては、悩ましい面もあるのではないかと想像します。たとえば、元気な男の子なら、広い園庭で遊びたがるのは普通のことですし、大きくなればなるほどエネルギーも強くなって、運動神経も身体能力もどんどんどん上がっていきますので、友だちといっしょに思いっきり遊べる環境が大切になってきます。

こういうことは、住居の問題とかかわってくる場合もあります。保育園で遊ぶことができない子どもたちの発散の矛先は、お母さんに向かっていきます。それから、部屋のなかでどったんばったん遊んだりしていると、隣りの人から苦情を言われてしまうケースもあるようです。ちょっとしたことに見えるかもしれませんが、お母さんたちにしてみれば、その一つひとつがストレスになるんですよね。どんなお母さんにとっても決して他人事ではないと思うんですが、少なくとも新潟のお母さんの場合、事情に応じて住む場所を移動することは可能です。でも、福島のお母さんたちにとって、引っ越しはお金がかかるので、なかなか動くに動けないいんです。

こんなふうに、お母さんたちによって、さまざまに事情が異なっていて、ひとことで括るわけにはいかないと私は思っています。

避難できなかった母子への支援

――先ほど、福島に戻る方へのケアのお話がありましたが、そのほかにも気がかりなことはありますか?

私たちは新潟に避難してきたお母さんたちの支援に重心を置いてきましたけれども、福島の支援団体と話をしたり、福島の会議に出席したりすると、福島から避難したくても避難できなかったお母さんたちの支援が、とても必要だと痛感します。新潟では子どもたちを自由に遊ばせることができますけれども、福島では思いっきり遊ばせることができませんし、お母さんたちのなかには、避難しなかった後悔、避難できなかった悲しみがあるんですね。母親というのは子どものことを第一に考えるものです。だって、やっぱり子どもを外で遊ばせてあげたいですよね。福島県内の遊び場って、ほとんど外じゃないんです。大きな建物の中に砂場がつくられていて、なにもかも室内にありますから。

　こう考えてみると、まだ一度も避難していない人、あるいは帰還はしてみたけれども、やっぱり子どもに外遊びさせるのは心配な人に、いわゆる「保養」の機会を提供することも、これから必要になってくるのかなと思っています。平成二三年に福島に行ったときに、現地の支援センターの方たちとそういう話をさせていただいたことがありました。これは福島県が主体になった会議だったんですけれども、そういった場で、保養のプログラムが必要だという報告があったのは、とても大切なことだと思います。それから、さっきお話ししたノーバディーズ・パーフェクトに関しても、今後は福島でも取り組むことになっているようです。これはたぶん、避難しなかったお母さんたち向けにも開催されることと思います。

　いま、ひととは異なる選択をしたことによって、それまでの人間関係が変わってしまったり、そのために心を痛めたりしている方々がいらっしゃると思います。ですので、誰かだけ、どこかだけといった限定的な支援ではなくて、すべてのお母さんたち、お父さんたちに対して、それぞれのケースに応じたサポートが必要ではないかと思うのです。

ＮＰのファシリテーターへのケア

――ＮＰの話に戻りますが、たとえば六回セミナーをやるとして、誰がその後をフォローするのかが気になりました。育ちの森さんのように、個別相談で丁寧にフォローされている団体でないと、なかなか難しいのではないでしょうか？

　埼玉県のほうでは、支援センターにＮＰを入れているところがあるそうです。保健所でこの手法を取りこんでいて、きちんとバックアップができる体制になっています。ＮＰというのは、とてもではないけれど、六回では終わらない場合もあります。それに、個別相談で引き続きフォローしつづけなくてはならないケースもあると思います。

——NPのファシリテーターにとっては、お昼も食べられないくらいにきつい状況になるとおっしゃっていましたが、支援する側にもケアが必要だということでしょうか?

それはNPに限らず、どんなときにも必要になってきます。私たちは相談業務をしていますので、すごく重い内容がありますし、ときには攻撃されるようなケースもあります。それで、スタッフにも個人的なスーパーバイザーがついていますし、私にも個人的にスーパーバイザーがついていて、心のケアをしてもらうことがあります。

健康不安の微妙な変化

——福島から避難したお母さんたちの中で、健康不安のあり方がシフトしているのではないかという印象を持っています。原発事故直後は、政府や東電の言動のいい加減さに不信感を抱いたことが大きく影響していたと思うのですが、最近は「もしかすると健康被害が出始めているのではないか」という不安に変質しているように感じるのです。

この間の新潟日報さんでも、あるお子さんが放射能の影響でがんになったのではないかという趣旨の記事が出ていましたね。あの記事は大きかったと思います。これについては、私にもはっきりしたことは分かりません。ただ、お母さんや子どもたちにのう胞ができているといった話題が社会的に出ていることの影響は、あるのかもしれません。でも、甲状腺検査みたいなものは、たしか福島まで行かなければ駄目でしたよね?

――新潟にも甲状腺の専門医院はいくつかありま す。受診に来ている人たちもいるようです。ただ、その人たちはあくまでも独自にお医者さんに見てもらっているので、いわゆる統計的なデータにはなりません。

そうですよね。私が同じ立場だったらどうするだろうと考えてみると、もし自分の子どもにのう胞ができていると分かっても、「世間には知られたくない」と考えるのではないかと思います。自分の子どもの健康状況がどうかなんてことは、言いたくないです。子どもの将来を心配するのは当たり前ですから。ですので、福島県がつかんでいる情報は、もしかすると現実よりも少ない可能性があるのではないでしょうか。のう胞ができたら申告してくださいなんて言われても、たぶん、本当に申告するかどうかは迷うと思います。

――今、新潟で出産ラッシュだそうですね。福島のお母さんたちが、新潟で子どもを産んでいるという……。ただ、避難先での出産ということになると、夫も親戚も福島にいるわけですから大変だと思うのですが、お母さんたちはどうしているのでしょうか？

出産ラッシュは新潟だけではなくて、他の県でも増えているみたいです。それと、福島県内でも出産が増えていると聞いています。新潟での出産の場合、福島から助けに来てもらっていますね。福島には帰らず、親に来てもらう場合もあるし、逆に福島に帰るひともいるし、いろんなケースがあります。

いずれにしても、お母さんたちのなかで、やっぱり放射能に対する不安は強いですね。福島に帰ったら帰ったで、おじいちゃん、おばあちゃんが家庭菜園をしていて、「そこでとれた野菜は放射能が高いからいやだな」とか。おじいちゃん、おばあちゃんは、子どもに「食べれ、食べれ」って言うんですよね。決して悪気があってやっているわけじゃないけれども、「もったいないから、持っていけ」とか、「今ここで食べれ」とか。

お母さんたちは、みなさん放射能の計測器を持っているんですね。それであちこち計ってみて、「あー、やっぱりまだまだ高いな」と。給食は全部、福島産のもので「それって、本当に大丈夫なんだろうか」とか。誰か一人が言ったことが広がることもあります。もしかしたら一人が言い出したことで、みんなで心配になってしまうというケースもあるのかもしれません。私たちは正確な情報を知っているわけでもないですし、それを検証することもできないので、とにかく一人ひとりのお話を聴くしかないと思ってます。

おわりに　支援者も変わりつづける

――たいへん多岐に渡るお話でしたが、あえて総括するとすれば、どういうことになるでしょうか？　また、今後の支援のあり方についてもお考えを聞かせてください。

何度も申しましたように、支援というものは状況に応じて、お母さんたち、お子さんたちの必要に応じて、変わっていかなくてはなりません。福島の災害の問題はとくにそうなんじゃないでしょうか。

そのことを痛感した大きなきっかけは、髙橋先生が提案してくださったママ茶会でした。このお茶会では、福島のお母さんたち同士でつながって、「この人だったら私の気持ちを分かってくれるんだ」という思いを共有することができました。でも人間ですから、誰もかれも完全に同じ意見になるなんて、ありませんよね。これは、ごく当たり前のことだと思います。こうした過程で、私たちとしましても、個別相談の体制を充実させたり、気楽に集まれるサロンの場をもうけたりして、支援の仕方を変えつづけてきたわけです。

「今後はどうなるのか?」というご質問ですが、お母さんたちひとりひとりの声にしっかりと耳を傾けていくしかないなと思っています。その際に一番はずせないのは、さまざまな選択肢があってよいということではないでしょうか? 新潟に暮らしているひと、福島に帰るひと、それぞれにいろんな背景があって、悩みや揺らぎの末に重い決断をしていらっしゃいます。そういうお母さんたちの気持ちを受け止めていくしかないんですね。これまで支援の仕方を考えていくなかで、お母さんたちの気持ちとマッチしないということも起こりました。ほんとうに試行錯誤の毎日です。

ひとつだけお伝えしたいのですが、いま、「福島に帰りなさい」という声ばかりが強すぎると感じ

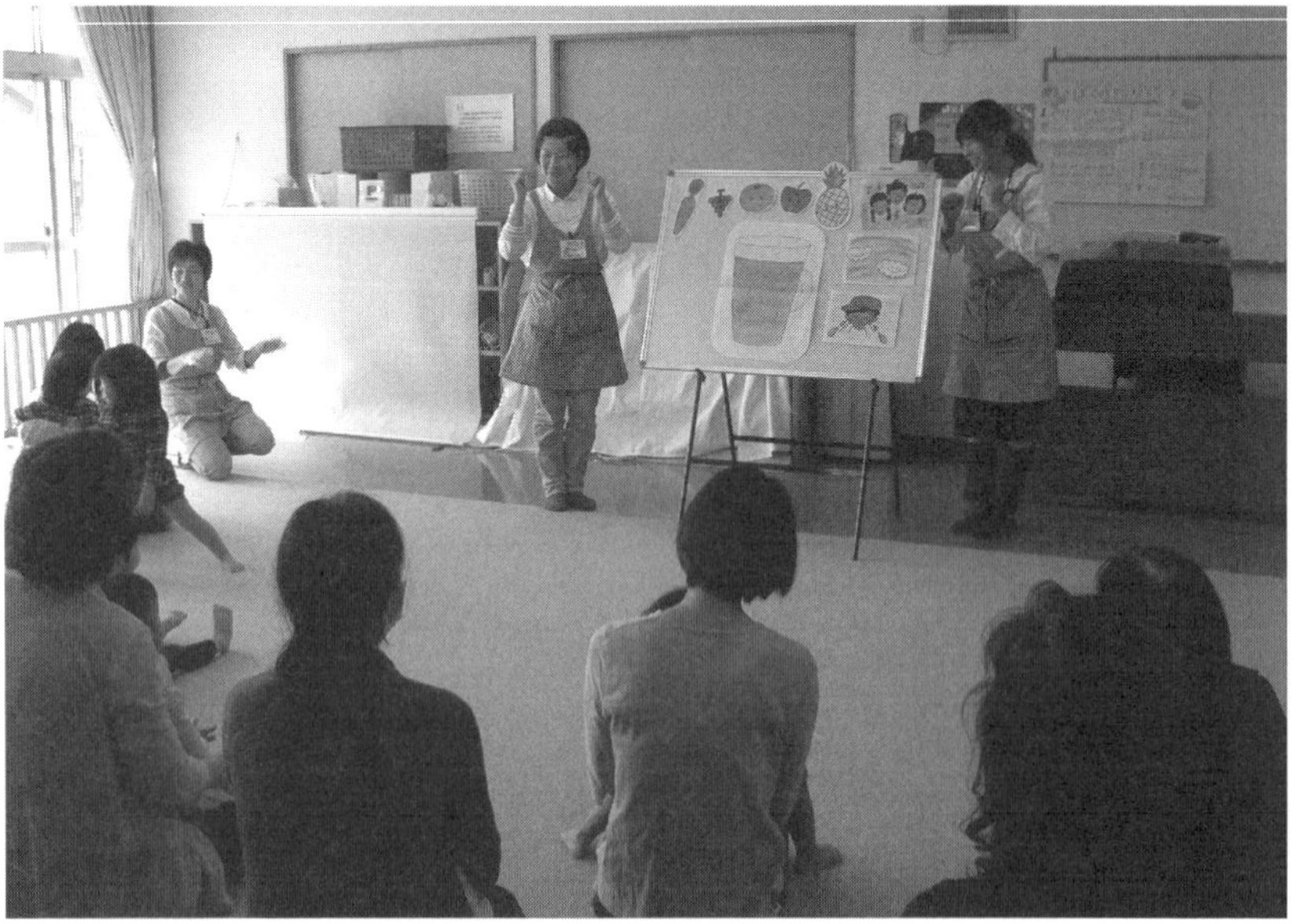

ています。この声が強すぎて、お母さんたちのなかには「避難を選択した自分はなんだったのだろう?」と悩みはじめている方もいらっしゃいます。それに、福島に帰ると決めたお母さんたちも、「ただ帰ってくればそれでいい」というようなものではないですよね。お母さんたちが帰った後に、安心して子育てをつづけていくためのサポートが欠かせません。

今の時代って、自分らしく子育てしようとするお母さんたちの気持ちを、どうしてこんなに認めようとしないのでしょうか? 子どもがすくすくと育つためには、お母さんたちが安心して子育てをできる環境が必要なんです。そんな環境を少しでも広げることが、私たちの仕事です。この仕事に終わりはないと思っています。

聞き手＝新潟記録研究会
場所＝新潟大学駅前キャンパスときめいと
日時＝二〇一三年一一月二五日（月）
一七時―二〇時
補足聴き取り＝二〇一四年二月一七日（月）
一〇時―一二時

構成・編集＝田口卓臣
編集補助＝髙橋若菜

避難したお母さんたちからの手紙

しーさんの手紙

うたはさんの手紙

避難したお母さんたちからの手紙(10)

しーさんの手紙(11)

「娘たちへ……」

あなたたちを守りたい。ただただその一心で、生後五ヵ月の妹を無理矢理おんぶして、二歳四ヵ月のお姉ちゃんをベビーカーに乗せて、郡山の家を出てから二年近く。大好きなお父さんと離ればなれの避難生活、本当によく頑張ったね。

半年の間に八回の引っ越しを繰り返して、時には一二〇世帯を越える家族との共同生活。まだ聞き分けもできなくて、でも他の人に迷惑にならないようにならないように……と家にばかりいたら、お父さんと一緒だったら叱らなくてもいいようなことで、たくさんたくさん叱ってしまって……。それでも「お母さん大好き!」と胸に飛び込んできてくれるあなたたち……。たくさんたくさん我慢をさせましたね。

母子三人での避難生活に区切りをつけて、郡山の自宅に戻って五ヵ月近く。もう、「静かにしなさい」、「走っちゃダメ」なんて言わなくてもいい、リビングを走り回って、大声で笑って、お父さんにたくさん甘えて、家族が家族らしくいられる場所に居ることのありがたさを痛感しています。

でも……。寝る時、毎晩のように「ずっと郡山?」と不安げな瞳であなたたちに聞かれるたび、どれだけの我慢をさせてきたのだろう、と胸がキュンとします。

お天気がよければ、庭に出て芝生の上を転がっ

(10) この手紙は、二〇一三年、福島乳幼児・妊産婦ニーズ対応プロジェクトが、NHK教育テレビ、ハートネットTVと共同で企画した「お手紙プロジェクト」宛に寄せられたものです。

(11) しーさんは、新潟県での二年の避難生活を経て、福島県郡山市に帰還しました。

て、ウッドデッキで昼ご飯を食べて……そんな何気ない日常の幸せを全部奪われてしまって。誰を責めたらいいのか……。

ひとたび事故が起きれば、誰も責任を取ってくれないことを痛感する毎日。一歩外に出れば、風の強い日にはマスク、放射能オバケがいるから石も葉っぱも花を摘むこともできない、公園で遊べない、自転車にも乗れない暮らし。

幼稚園が変わったお姉ちゃん、園で描いてきたバスの絵。「これは誰？」と尋ねると「りんちゃんでしょ、かのんちゃんでしょ、あゆなちゃんでしょ、ふみくんでしょ……」描かれたお友達を指さしながら、新潟で仲良くしてもらったお友達の名前をニコニコしながら挙げるお姉ちゃんに、親として郡山に戻るという判断は本当に正しかったのかと、涙がボロボロとこぼれました。

戻ってきたという決断が揺らぐとき、育ちの森のHさんの言葉を思い出します。「みんな、今、一番ベストな道を考えて選択してる。この選択こそがベストなんだって思って、その選択に自信を持って」。郡山に戻ることを決めたものの、気持ちが揺らいでいたお母さんに、Hさんはそう言ってくれました。

新潟で苦しかったとき、「いつか振り返って、あのときは大変だったけどがんばってよかったたって思う日が、必ず来るから」と言ってくださる方も居ました。

「すぐ逃げてきて！」と自宅に呼んでくれた伯母ちゃん。避難した那須塩原駅でエレベーターが動かなくて困っていたときに、階段を下りて来てベビーカーごとおねえちゃんを担ぎ上げてくれたおじさんたち。あなたたちを抱っこして、新幹線の車内を移動するたびに、「どうぞ」「どうぞ」と疲れ切っているのに席を譲ってくれようとした人たち。埼京線で「がんばって。おかあさんもがんばるのよ」と手を握りしめてお菓子を渡してくれたおばさん。木琴や絵本やＤＶＤやおやつやお洋服や……。あなたたちが少しでも笑顔になるようにという気持ちも一緒に送ってくれた、香港、北海道から広島までの全国の育児仲間たち。行く先のない私たちに無償でおうちを提供してくださったYさん、Cさん。悩みを聴いてくれて、いつも励ましてくれた、一緒に避難していたママさんたち……。もうここには書ききれない多くの人たちに支えられて励まされて、今ここにあなたたちとお母さんが居ます。

　苦しくて大変な日々はこれからも続くけれど、いつもあなたたちを心配して、お母さんを励まし支えてくれる方がたくさんいること、その存在自体がお母さんに勇気をくれます。みなさんに助けていただいたおかげで今の自分があること、そういう方々に「元気でやっています」と笑顔で胸を張って、成長の報告ができるような人であってほしい。

　とても返しきれないほどのご恩。困っている人が居たら、悩んでいる人が居たら、遠くでなくてもかまわない、隣の席のお友達、同じクラスのお友達……。身近なところであなたたちのできる範囲で、励まして勇気を与えることができるような存在になってほしい、とお母さんは願っています。

　そして二年近く、都合がつく限り、週末に何百キロも運転して、あなたたちの所に通ってくれたお父さん。本当に本当に、お父さんの支えとがんばりがなかったら、お母さんもあなたたちも今ここにはいられません。お父さん本当にありがとう。家族が家族らしくいれる場所で、今できるベストを、お母さんも尽くしていくつもりです。あなたたちを守りたい。ただその一点に立って、お母さんはこれからこの街で生きていきます。

うたはさんの手紙(12)

「三・一一前の私へ」

いい？　覚えておいてほしい事がある。二〇一一年三月一一日、地震が起こります。とてもとても大きな地震で、長い長い時間揺れています。この世の終わりが来たのかと心配するでしょう。大丈夫、揺れはしばらくして止まります。

いい？　地震のあと、福島第一原発が事故を起こし爆発します。そして、どれほど危険かわからない、目にも見えない放射性物質がばらまかれます。あなたは、自分の住んでいる場所が原発から離れているから大丈夫って考える事でしょう。でも、あなたの住んでいる所も例外ではなく、放射能に汚染されてしまいます。水も空気も土も食べ物も家もすべて汚染されます。そして、子どもが一番危険にさらされてしまいます。

いい？　地震が収まったら、すぐにそこから逃げて。風の流れで放射能汚染が各地に広がります。北も南も危険だから、西へ逃げて。それで子どもを被曝から守ることが出来ます。

いい？　決して、原発は安全だから大丈夫とか、何かあれば国が守ってくれるとか、そんな事を考えないでね。守ってくれることに期待してはいけません。信じてはいけません。危険から守ってなどくれない。守るどころか、「安全です。子どもは外で遊んでいい」と平気で言うでしょう。でも、決して決して子どもを外で遊ばせてはいけません。お願い、子どもを絶対、外で遊ばせないで。

(12) うたはさんは、二〇一一年に新潟市に避難して以来、避難生活を継続しています。

いい？　お願い、原発や放射線の危険や恐ろしさを、チェルノブイリの事故からきちんと学んでおいて下さい。お願い、子どもを守ってあげて！　お願いだから！　子どもを被曝の危険から守ってあげて！！　どうかどうかお願いします。

そう。今、私が手紙を書きたいと思う相手は、地震の起きる前の、原発に対して全くの無知だった私。わからなかったとはいえ、子どもを危険にさらしてしまった。子どもを被曝させてしまったという事実をかえたい。

でも変えられない現実。私は福島からすぐに避難することが出来なかった。私たち家族が住んでいた所には、強制避難区域の方々が続々と避難して来ていた。テレビではずっと津波の映像が映し出され、内陸に住む自分たちが避難しなければという思考には至らなかった。

そして私は原発事故が、どれだけ恐ろしいものなのかも全く知らなかった。それどころか自分の住んでいるところが、原発から何キロの所にあるかも知らなかったし、福島原発が東京の電力を作っていた事さえ知らなかった。

原発に対して、どれほど無知で無関心だったのかと悔やむばかりの毎日。原発の事故さえなければ。そもそも原発なんて危険なものがなければと。これは夢であって欲しいと思いながら毎朝、目をさまします。

せめて子どもを被曝の危険から守ってあげたかった。一生消えない後悔。この先、何世代にも渡り続く健康被害への不安。

できることならば、この手紙を三・一一前の私に渡して欲しい。原発の事故が防げないのなら、せめて大切な子どもを危険から守ってあげたかった……。

「次男へ」

ごめんなさい。あなたがどれだけ苦しんでいたのか、お母さんね、わかっているつもりでわからなかった。

避難のための転校。長男の兄は小学六年生。次男のあなたはまだ小学二年生。半年後、卒業を迎える兄ばかり不憫でならなかった。五年以上も通った学校を転校しなければならないこと、一年生から一緒に学んできたお友達と卒業式が出来ないことが、可哀想でならなかったの。

それに比べたら、一年半しか小学校に通っていないからあなたは大丈夫。新しい学校で再スタートしてお友達も一杯できるって。勝手に思ってしまったの。

そうじゃなかったね。転校して、あなたが「ぼく、新しい学校の事なんにもわからないんだよ。前の学校の事をやっと覚えたところだったのに、ぼく何もなぁーんにもわからないいんだよ」って言った。

そして、それまではみんなと一緒に同じことが出来ていたのに、みんなと一緒のことが出来なくなってしまったね。お母さんね、それでも時が経てばそのうち解決する問題だと思ったの。

でも、解決するどころか、状況は悪くなるばかりだったのね。あなたはどれほど苦しんでいたのでしょう。どれほど淋しい思いをしていたのでしょう。お母さんね、わかっているつもりで、全然わかってなかったの。

地震の時に受けた影響もあったね。震災のあと、夜中に悲鳴を上げて起きることもあった。余震の揺れにいつもおびえていた。そして際限なく見せられた、テレビに映る津波の映像。あなたにどれだけの精神的な苦痛と負担があったのか。

そんな中、夏休みに保養のため一ヵ月離れて暮らし、その後すぐの転校だった。あの震災からあなたはどんなに心細かったことでしょう。不安だったでしょう。辛い思いをいっぱいしたね。

避難なんてしなければ問題なく学校生活を送る

ことができたんじゃないか、福島に戻れば解決するのか、なんてことを後悔したり考えたりします。震災さえ無ければ、爆発さえなければと悔しくなります。でも、過去ばかり振り返ってもしょうがないね。

もっともっと、あなたの心と向きあって寄り添うよ。いっぱいいっぱい、辛い思いをしたね。大丈夫。大丈夫だよ。お母さんはあなたのことをこれからも全力で守る。あなたの人生はまだまだこれから。夢と希望をもって一緒に生きようね。

お母さんより

「今伝えたいこと」

私の大切なふるさと福島は自然豊かで、とても美しく、そして水も空気も食べ物もおいしいところです。その大切なふるさとは、福島第一原発事故による放射能汚染の恐怖に今もさらされています。

目に見えない、匂いもない、そしてどれほど危険か解らない放射性物質は水を汚し、空気を汚し、大地を汚し、すべてのものを汚して、たくさんのものを私たちから奪いました。原発事故から三年経ちましたが、計り知れない被害を現在ももたらしています。

二〇一一年三月一一日の東北大震災があったその年も、まるで何事も無かったかのように、福島にも春が訪れ、いつもと同じように綺麗な桜が咲きました。その桜の花の美しさに、私は泣きたくなるほどの切なさを感じたのを覚えています。

例年のごとく、家族で近くの大神宮にお花見に出かけ、お花見でしか売らない名物のお団子を桜の花を見ながら食べました。

その桜が咲いた四月当初は、放射能による汚染や、それにともなう色々な風評被害、健康への悪影響などが騒がれだし、避難区域や警戒区域以外でも酷く汚染された所が存在することが判明してきた頃でした。

私の住んでいた福島県郡山市は、福島第一原発から直線で五五キロの所ですが、その郡山市の中でも私の自宅のある街の汚染状況はとても深刻になっていたので、咲いた桜を観ながら、「来年も再来年もその次の年も、その次も……。二〇年後も三〇年後も家族で一緒に福島のきれいな桜が見られますように」と心の底から願いました。

桜は何もなかったかのように咲きましたが、私たちは何もなかったかのようには生活出来ませんでした。原発の事故により私たちの日常は大きく変わってしまいました。


私には三人の子どもがいます。私たち家族が住んでいた郡山市は、四季折々の豊かな自然に囲まれ、そして水と緑がとてもきれいな街です。私たちは子育てのために最適な場所と考えて、この街に家を買い、安心して暮らしていました。

東北大震災の後、福島第一原発の爆発事故が起こりました。爆発事故が起こったのにも関わらず、私たち家族は避難指示もでないし、大丈夫なんだと、避難は考えませんでした。

私の住んでいた街は、爆発の翌日、夕方から降り出した雨により、空から放射性物質がたたき落とされて、ひどく汚染されたといわれています。

当時は地震の影響で断水がまだ続いて、給水車の列に「二時間並んだよ」と言った方。ガソリンを給油する車の列に「四時間並んだ」という方もいます。車が使えないからと、自転車で子どもと移動した方。学校の体育館が避難所になっていたので、そこへ避難していた子どもたちは校庭で元気に走り回って遊んでいました。

まさか見えない放射能が降っているとも知らないで、私たちは生活を送ってしまいました。

もしも、五年後、一〇年後、二〇年後。もしくは子どもたちの子ども、つまりは子孫に放射線の影響が出たらどうしようかと、今から不安に駆られます。子どもたちを放射能の危険から守ってあげられなかったこと。「安全だ」と騙されてしまったこと。なぜもっと早く逃げなかったのか、とても悔やんでいます。

私は避難を決めるまで数ヵ月かかりました。震災直後、テレビや新聞で報道される原発事故の「安心安全」の情報に、私は原発事故も放射能も、どちらの問題もすぐに解決するものだと勘違いしました。

福島県放射線健康リスクアドバイザーの方が講演会で「子どもを外で遊ばせて良い」、「笑っている人には放射線の影響はない」、「一〇〇ミリシーベルトまでは大丈夫」とアドバイスしていました。

三号機の大きな爆発事故からまだ一〇日も経っていない時でした。

四月に入り、高校の校庭では生徒たちが野球やサッカーの部活の練習を始めました。周りは徐々に普通の生活に戻りつつありました。

予定より数日遅れて小学校の新学期始業式が行われました。子どもたちはマスクをして、肌を露出しないように長袖長ズボン。放射性物質をなるべく付着させないように帽子をかぶりナイロン製のジャンバーを着て学校へ行きました。真夏の暑い日でもその格好で登下校し、真っ赤な顔をしてたくさん汗をかいて帰って来ました。

五月、GW明けに隠されていた原発事故の重大な情報が報道されました。「メルトダウンを起こしていた」、「放射能拡散予測図のSPEEDIが公開されず、情報が隠されていた」などの悲惨な真実が報道され、驚き、「本当に福島は安全なのか？」と疑いの気持ちが起こりました。

それから私はインターネットにて「終わりなき

人体汚染　チェルノブイリ原発事故から一〇年」という一九九六年に放送されたＮＨＫスペシャルのドキュメンタリー映像を見て、かなりの衝撃を受けました。そのドキュメンタリーの内容は……一〇年たっても放射能が、人々から大地と家を奪い続けていて、人体への影響が日に日に酷くなっていること。毎週のように人々が亡くなっていること。白血病や小児甲状腺がんになる子どもが増えたこと。甲状腺に出来た癌細胞摘出の為に首に出来るチェルノブイリネックレスと呼ばれる傷跡。その他の色々な健康被害。事故当時三歳だったという女の子が一〇年後がんになり、まもなく死亡。悲しみの葬儀のシーンから番組は始まります。

　自分の娘と重なり、涙が止まりませんでした。当時、私の娘がまさに同じ三歳。居ても立ってもいられない程、不安に駆られました。私はやっと、どれほど放射性物質の危険な場所に住んでいるのかに気がつきました。それが震災から二ヵ月後の五月の中旬のことでした。

　チェルノブイリと同じ事がここ福島で起こっている。そのような危険な現状なのに、小学校より校庭を六月から授業で使用するとの連絡がありました。校庭を削ったあと、近くの湖の土を校庭に敷き、線量が平均して毎時〇・四マイクロシーベルトに下がったからとの理由でしたが、まだ削った土が校庭の隅にあり、強い放射線を放っていてとても危険な状態でした。

　危険を冒してまで、何故スポーツをしなければならないのか、私には理解できませんでした。

　そんな折り、娘が熱を出して体調を崩し、次に長男と次男も熱を出しました。ちょうど季節の変わり目でもあり、体調を崩しやすかったのかも知れませんが、私は放射線の影響によるものではないのかと、とても心配しました。

　子どもたちの体調不慮をきっかけに、自宅の線量が気になりました。放射線を計る機械はとても高価なものでしたので、機械をレンタルしてくれる所を探しました。無料で貸し出ししてくれるところが見つかり、自宅の線量を計って目にしたその数値に驚きました。

当時、市で発表されていた空間線量と、自宅二階の子ども部屋の数値が殆ど変わらない値でした。

私の家は木造二階建てで、木造はコンクリートに比べて放射線をあまり遮断出来ないのと、二階は屋根に付着している放射性物質のせいで線量が高くなるとのこと。その為に二階の子ども部屋が高い線量になっていたのです。

家の中は安全だと思っていたので、家の外と中であまり変わらない線量に驚き、そんな中に知らずに暮らしていたことにかなりのショックを受けて、これ以上子どもを危険にさらしてはダメだと避難を決意しました。

安心して暮らせる家や場所を手に入れたはずだったのに、私はまだ住宅ローンの残るその家を残し、福島を離れました。

私の父母はまだ福島に住んでいます。長年住んできた土地を離れることは出来ないし、避難指示もない。周りのみんなも住んでいると言います。

震災の翌年、実家の近所にある公民館で食品の簡易測定が出来るようになりました。実家で露地栽培されている椎茸を、父が持って行き計った結果、数値が一キロあたり数千ベクレルあったそうです。

それまでは食品の数値を簡単に計れるところもなく、しかも少しぐらい食べても大丈夫だろうとか、そこまで汚染されていないと思い、椎茸を両親は食べていましたが、計った数値をみて食べないようになりました。

このことにより「危険だ」ということに、やっと両親も気がついてくれて良かったと思いましたが、良かったと同時にものすごくショックな出来事でした。

市民の生活はなんの政策も対策もなされず、危険にさらされている状況であること。そして……

未だに酷い放射能汚染の実態の証明でもありました。

そんな場所に両親が住んでいる。まだ多くの人が住んでいる。たくさんの子たちがいる。とても複雑な思いになりました。

私は避難指示の出ていない区域からの「自主避難者」です。私の周りにいる同じ状況の方々は皆同じ思いで避難を選択しました。「子どもを守りたい！」ただそれだけの思いで、住み慣れた土地を離れるという辛い選択をしました。

家族で一緒に避難出来ている人は少なく、母親と子どもだけで避難して来ている方が多くいます。

父親は福島に残り、生活のために働き、家族との思い出が一杯詰まった家で孤独に耐えながら、子どもの成長を見ることも出来ない悲しい生活をしています。

母親は、身よりもない、慣れない土地で不安や淋しさに押しつぶされながらも、懸命に子育てをしています。本来ならば一緒にいるはずの家族がバラバラに生活しています。

いつになったら福島へ帰れるのか。いつになったら家族一緒に暮らせるのか。ふるさとへ帰りたい……。でも帰りたいと思うふるさと福島は、原発の事故が起こる前の安全に暮らせる福島です。それは無理な願いで、絶対に叶わないことです。そんな風に故郷を思うと、絶望しかなく、悲しみや怒りでいっぱいになります。

どこにぶつけたらいいかわからない悲しみや怒り。恨み、憎しみ、言い表しようのない大きな不安と、色々な思いが込み上げてきて苦しくもなります。

でも人は怒りや悲しみの中だけでは、苦しすぎて生きていけません。だから少しでも前向きになろうと必死です。特に母親は子どもに与える影響が大きいので、尚のこと、必死に前を向こうと努力しています。

そして、子どもの小さな手を握るたびに、子どもの愛おしい寝顔を見るたびに、子どもの無邪気な笑い声を聞くたびに、子どもたちの未来を守りたいと強く思います。

子どもたちの笑顔と大切な命を未来に繋いで行くために、いつまで続くかわからない、不安定な生活を私たちは送っています。避難した人も福島に残っている人も、みんな苦しんでいます。

福島の悲劇を繰り返さないでほしい。子どもたちが担う日本の将来がより安全なものになるように、美しく豊かな日本の自然をたくさん残してあげられるように。どうか、どうか福島の悲劇を繰り返さないでほしい。

これ以上大切なものを奪わないでください。それが、福島の事故を経験した私たちの切実な願いです。

解説1

思いに寄り添い、力を取り戻す
——子育て支援で大切なこと

小池由佳

二〇一一年三月一一日。この日は日本にとって、そして世界にとっても忘れられない出来事の始まりとなりました。東日本大震災。四年を迎えようとする今日であっても、今なお解決の見通しが立たない課題と向き合わなければならない現実があります。大地震に続く津波、そして原発事故が起こりました。自然災害に加えて、避けることができたのではと思わずにはいられない、大きな被害がもたらされました。

私の専門は、社会福祉、とくに子ども家庭福祉です。この分野は、生活上の課題が生じている人たちの支援を目的とする実践の学です。今回の震災を通して、社会福祉に従事する人々は、日々の生活が本当に保障されているのかどうか、もう一度振り返ることを余儀なくされました。例えば、全国的な専門誌では、これまでの実践を振り返り、今後の展望を検討する試みがなされています（『月刊福祉』、『社会福祉研究』等）。そこで提起されている問いをまとめれば、だいたい以下のようになるでしょう。

――社会福祉は、「目の前で困っている人」に一歩近づき、手を差しのべ、一緒に立ち上がるということを繰り返しながら、今の制度や仕組みを作ってきた。その結果、「多数派の人たち」の課題に答える制度や仕組みが整ったことは評価できる。しかし、「制度の狭間にいる、少数派の人たち」が目の前で困っている時に、一歩近づき、手を差しのべることを、どこかで怠ってきたのではないだろうか、と。

私自身、今回の震災を通して悩んだのは、上記のことでした。つまり「社会福祉は、本当に目の前の人の困難を解決するための実践を重ねてきたのだろうか。制度の外に置かれることで少数派となる人たちにも、手を差しのべてきたのだろうか」という問いです。災害、特に今回のような複合的な災害の場合、多数派のための枠組みの中での支援に甘んじてきた社会福祉は、力を発揮することができなかったのではないか。そのようなことを自問したのです。

そんななか、一般避難所で介護福祉士として日常生活支援に携わった八木祐子さんの意見にめぐりあいました。八木さんは避難所において、生活支援を必要とするたくさんの人たちと出会います。自分はその人たちの体調や心の状況にあわせた支援を実行できたのかどうか。彼女はそう問いかけたうえで、これまでの経験知が生かせない点もあったことを認めつつ、原則に基づいた支援を行うことで臨機応変に対応できた、とも指摘しています。「原則に基づいた支援」、「臨機応変な対応」。この意見との出会いで、ようやく私の中で腑に落ちたのが、母子避難者を受け入れた地域子育て支援者たちの取り組みです。今回の震災で起こった福島第一原発事故による放射能拡散への不安から、居住地を変えた人たちがいます。いわゆる「自主避難者」といわれる人たちです。そのなかでも、新潟には母子で避難してきた人たちが数多くいます。彼女たちは、避難者であると同時に子育て中の母親でもあります。「避難者」としてのニーズを抱えつつ、同時に「子育て支援」のニーズを持ち合わせている当事者だということです。

では、この母子避難者たちを支えるために必要なことは何でしょうか。それは、八木さんの意見にもあったように、「原則を大切に臨機応変に対応する」ことではないでしょうか。今回のように複合的な、復興への道筋が見通せない災害において、どのような支援が必要であるかの経験を持ち合わせている人はほとんどいません。そのなかで「原則を大切に」するためには、これまでの実践知を活かしながら、支援のあり方を手探りで進めていくしかないといえます。

「避難者支援」の原則については、今後、多分野における研究課題となっていくでしょう。今回の震災の教訓を次につなげるためにも必要な作業であるといえます。ここでは、母子避難者のもう一つの側面である「子育て中の親」という観点から、「子育て支援」の原則についてまとめてみたいと思います。

「子育て支援」の原則の一つに「今、ここにいる親子の支えになること」というのがあります。社会福祉そのものの原則ともいえるこの原則は、子育て支援の担い手たちが常に意識していることでもあります。私たちのインタビューに応じて下さった椎谷さんも、「地域子育て支援センター　育ちの森」に集まる一人ひとりの支えになることを心がけながら、支援を行っておられます。

もうひとつの原則は、「子育て支援は親の主観を大切にしていい」ということです。このことは、社会福祉の視点からすると少し意外なことのように思うかもしれませんが、実際に支援者が行っている内容をみると、まさしくこの「主観を大切にする」を形にしていることがわかります。

この二つの原則に照らしながら、地域子育て支援者たちは、避難者たちを受け入れていきました。

母子避難の母親たちは、やむにやまれない思いを抱えながら、放射能の不安を感じずに暮らせる土地にやってきています。新しい土地での生活、一人で子どもを育てることへの重圧、福島で頑張っている夫への思いなど、不安な気持ちや心配な気持ちを抱えながら、避難先にある子育て支援の場に集まってくるのです。何より、自分の選択が否定されることへの恐れも感じています。支援者たちは、この不安な気持ち、心配な気持ち、恐れの気持ちを受け止めながら、母親であり同時に避難者でもある人たちの支えとなってきました。彼女たちの選択を第一に尊重し、支援を続けてきたのです。

子育て支援の現場においては、母親たちの選択や思い、考えを決して否定したりしません。まずは受け止めます。これは、この現場の大原則でもあります。本人が「大変だ」「不安だ」という気持ちに寄り添い続けるのです。例えば、「夫が仕事で忙しくて、子育てを一人で行っているようなものだ」という母親の訴えに対して、「あなたの状況でそんなことを言うのはおかしい」「他にももっと大変な人がいる」とは応えません。また、支援者個人の価値観でもって応えたりもしません。「そうなんだ、あなたは大変だと感じているんだね」と相手の考えや思いに寄り添って応えていくのです。

母子避難者の状況も同じことが言えます。「線量が気になるんです」という訴えに対して、客観的な数値データを示したとしても、母親たちからすれば、気持ち的にとうてい納得がいくものではないでしょう。気になることは気になるとしか言いようがないのです。子育て支援者はその思いも含めて、母親そのひとを全面的に受け止め続けていきます。

なぜそのような実践を行うのでしょうか。それは寄り添われる経験を積み重ねることで、自分が受け入れられていることを実感し、自分自身の思いを客観的に見つめ直したり、次の一歩を踏み出せるようになったりするからです。支援者たちはこのことを、実践知として学んでいるのです。

本書では、その一つとして、新潟市秋葉区で活動しているNPO法人ヒューマンエイド22の避難者支援の取り組みを取り上げました。彼女たちは、震災発生後、新潟県内で母子避難者を受け入れた一時避難所まで赴き、バザーを行いました。そこで出会った母親たちに「あなたたちのことを待っているから」と声をかけました。活動拠点である「育ちの森」を会場に、母親たちが思いを自由に語り合うことのできる「ママ話会」や「サロン」を展開してきました。この活動を通して常に一貫していたのは、目の前にいるお母さんたちを大切にする、孤独な状況に置かない、ということでした。徹底的に寄り添い、避難先の地で一人ではないことを、当事者同士での会を通して、あるいは個別相談を通して伝えてきたのです。そのことが、避難した母親たちにとって、自らの選択を肯定的にとらえ直し、これからの生活を考えるステップを考えることにつながっていきました。

この母子避難者に対する子育て支援の実践から学ぶべきことは何でしょうか。それは、支援を必要とする人たちの主観、価値観を大切にすることだといえます。人が何に価値を置くかは、それまで育ってきた環境や影響を受けた思想、人物等によって多様です。その価値観を否定することは、その人自身を否定することにもつながりかねません。大切なのは、いかにその価値観を理解しようとするかです（もちろん、本人の福祉、他人の福祉を侵害するような価値観は除いてですが）。その価値観は、時に社会とそぐわなかったり、支援者の価値観と合わなかったりもします。社会福祉は、価値の実践です。相手を否定するのではなく、その価値観を尊重しながら、互いに支え合うこと。今回の子育て支援から学ぶべきは、そのような姿勢なのではないでしょうか。

母子避難者の数は年々減少しています。元の居住地に帰る人たちも増えてきています。そのなかで、避難を続ける母親たちの状況はさらに厳しいものになることが予想されます。しかし、そこで不安や心配を抱えている人たちがいる以上、支援を終えるわけにはいかないのです。椎谷さんも「これからも支援が必要」と断言しています。相手の思いを大切にした子育て支援の営みが、引き続き母子避難者にも続けられていくことを期待します。そして、いつの日か、心から安心した生活ができる日が来ることを切に願っています。

参考文献

＊上野谷加代子（二〇一三）「東日本大震災を風化させないために――一〇年後を視野に入れた社会福祉研究方法への提言――」『社会福祉研究』一一六号、二三―三一頁。

＊加納佑一、菅野道生、八木祐子、平野方紹（二〇一三）「座談会　二一世紀型の災害と社会福祉の対応状況――東日本大震災の何を教訓とするか――」『社会福祉研究』一一六号、三二―五八頁。

＊山縣文治（二〇〇九）「地域子育て支援における市民主体の活動の意義」貝塚子育てネットワークの会編『うちの子　よその子　みんなの子』ミネルヴァ書房、一九〇―二〇五頁。

解説2

数字でみる福島県外の原発避難者たち
——自治体等によるアンケートをもとに

髙橋若菜

本書では、原発事故を機に福島県から県境をこえて避難した方々、特に「母子避難」と言われる方々、そして彼女たちを支え続けようとする地域社会の姿を紹介してきました。

全国では、どれほどのお母さんたちが母子避難を続けているのでしょうか。どのような暮らしをし、どのような困難を抱え、今後の生活拠点をどうしようと考えているのでしょうか。その理由は何でしょうか。その考えは、時の流れとともに、どのように変化したのでしょうか。ここでは、新潟県によるアンケート調査、山形県による調査、北関東三県で大学が自治体と連携して行った調査、そして全国調査（福島県実施）をもとに、さぐっていきます。

避難者数の変遷、母子避難の割合

まずどれぐらいの避難者がいるかということですが、はっきりとは分かっていません。国による「全国避難者情報システム」はありますが、震災・原発による避難者が両方とも含まれています。

また、システムへの登録は強制ではなく、避難者個人が任意で行います。なかには避難しても様々な理由で登録しない人もいます。このため、原発避難者数の把握は難しいのです。こうした限界をふまえたうえで、ここでは、大半が原発避難と思われる、福島県から県外への避難者数の変遷をみてみましょう。

図1によれば、二〇一一年六月時点で福島県から県外へ避難した人は約三・九万人でした。避難者は二〇一二年三月まで増え続け、その後ゆるやかに減り続け、二〇一四年八月現在、約四・五万人となっています。福島隣県の新潟県と山形県、そして東京都が、三大受入都県です。避難者数は高止まりの傾向にあり、今後の避難の長期化が予想されます。

では、こうした避難者のうち、どれくらいの母子避難の人がいるのでしょうか。山形県や新潟県のアンケート調査では、半数以上の家族が離れて

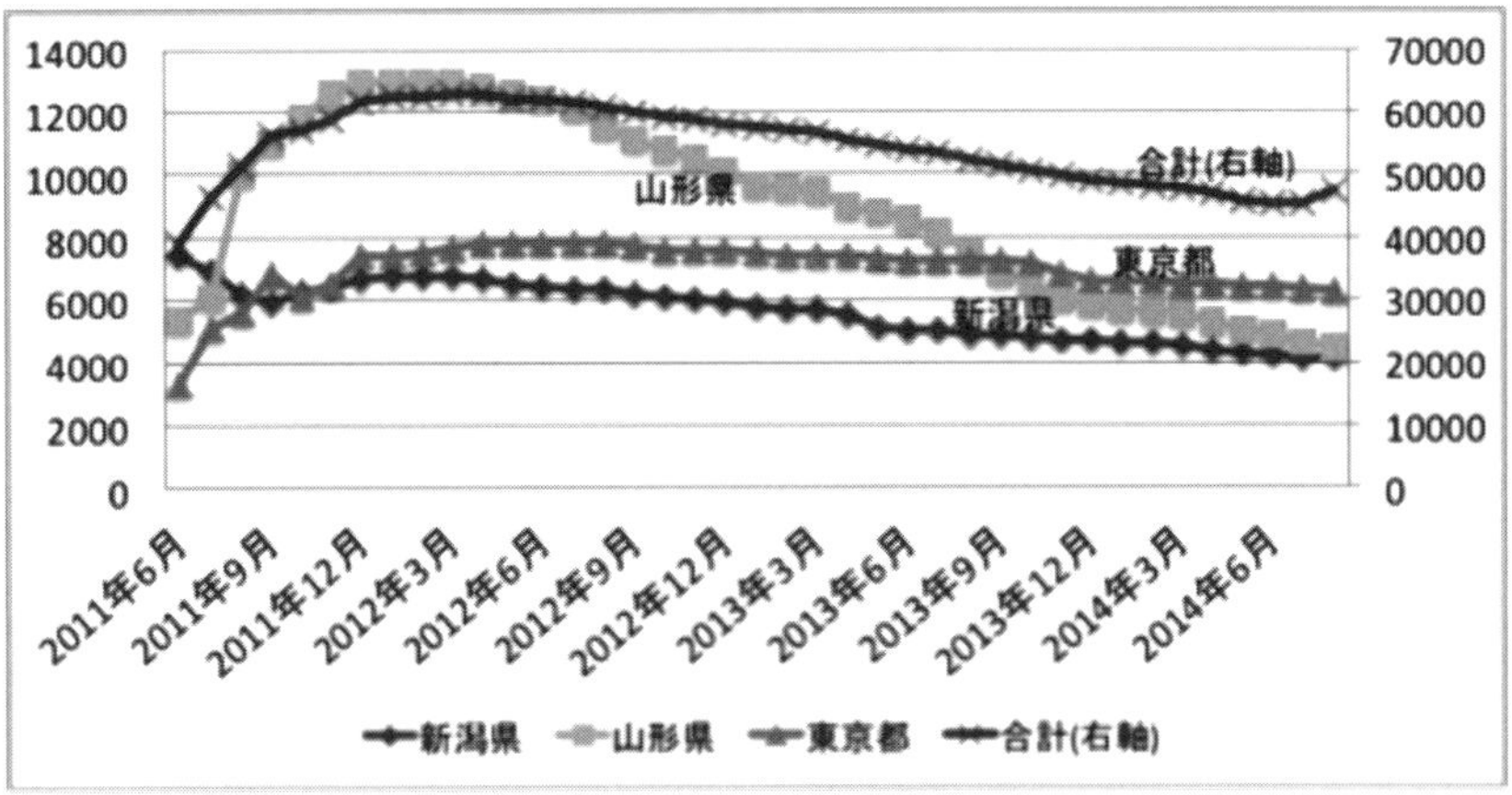

図1　福島県から県外への避難状況（2011 年６月～ 2014 年５月）

暮らしており、その約三〜四割が母子避難者となっています。特に、自主避難と言われる人々に、母子避難の割合が高くなっています。全国調査（福島県実施）では、母子避難の割合は明らかではありませんが、やはり、半数以上の世帯が離れて暮らしています。

避難の住まい・経済状況

次に避難者たちがどのような生活状況にあるかをみていきましょう。避難者の半数以上は、家を離れて、公営住宅や民間借上げ仮設住宅（国が比較的安価な民間アパートなどを借り上げたもの）に住んでいます。民間借上げ仮設住宅は、一年更新で、次年度更新されるかどうかわからず、避難者の人々は先行きがみえない生活にあります。

二重生活によって、支出が増えた世帯が多く、とくに「自主避難」といわれる家庭では、預貯金を取りくずして生活している家族が多くいます。避難先で職を探す人も少なくありません。子どもの預け先を見つけることが容易ではなく、また希望する職業を得ることも難しい状況です。また母子避難は、大抵の場合お父さんが福島で働いているため、週末にお父さんが避難先に会いにやってくる家庭も多くあります。その交通費負担も重いため、現在は、国や自治体による高速道路代の支援があります。

健康状況、子育て状況

いずれの調査でも、「気分が落ち込む」「いらいらする」「眠れない」と回答する人が四割を超えています。「持病の悪化」「疲れやすい」「胃痛」「頭痛」などの体の不調を訴える声も二割を超えます。精神的、肉体的ストレスが増えています。

また、山形県調査では「子育て教育にかかる経済負担が大きい」「子どもに対してイライラしてしまう」とこたえる人が三割以上いました。「保育園に入園できない」「乳幼児検診」「予防接種」が無料で受けられない等、十分な行政サービスが受けられないケースがあることも、わかっています。子育て世帯に重い経済的・精神的な負担がかかっていることがわかります。

今後の生活拠点

避難者の方々は、困難な生活にありながらも、今後の生活拠点について、なかなか決めることが出来ない状況にあります。図2によると、福島県へ戻りたいと本心ではおもっていても、いつ戻るかを決めきれない人は、新潟県では四割、全国調査では二割にのぼります。では、どのような状況になれば福島県に戻りたいかというと、多数（全国調査の約六割、新潟県調査の約八割）が「放射線の影響や不安が少なくなる」とこたえています。

また、現在避難している都道府県に住み続けるとこたえた人は、新潟県、全国調査いずれも約二・五割にのぼります。その理由として、八割を超える自主避難者（新潟県調査）が、やはり「放射線量」を挙げました。一方、事故後三年になり、生活の

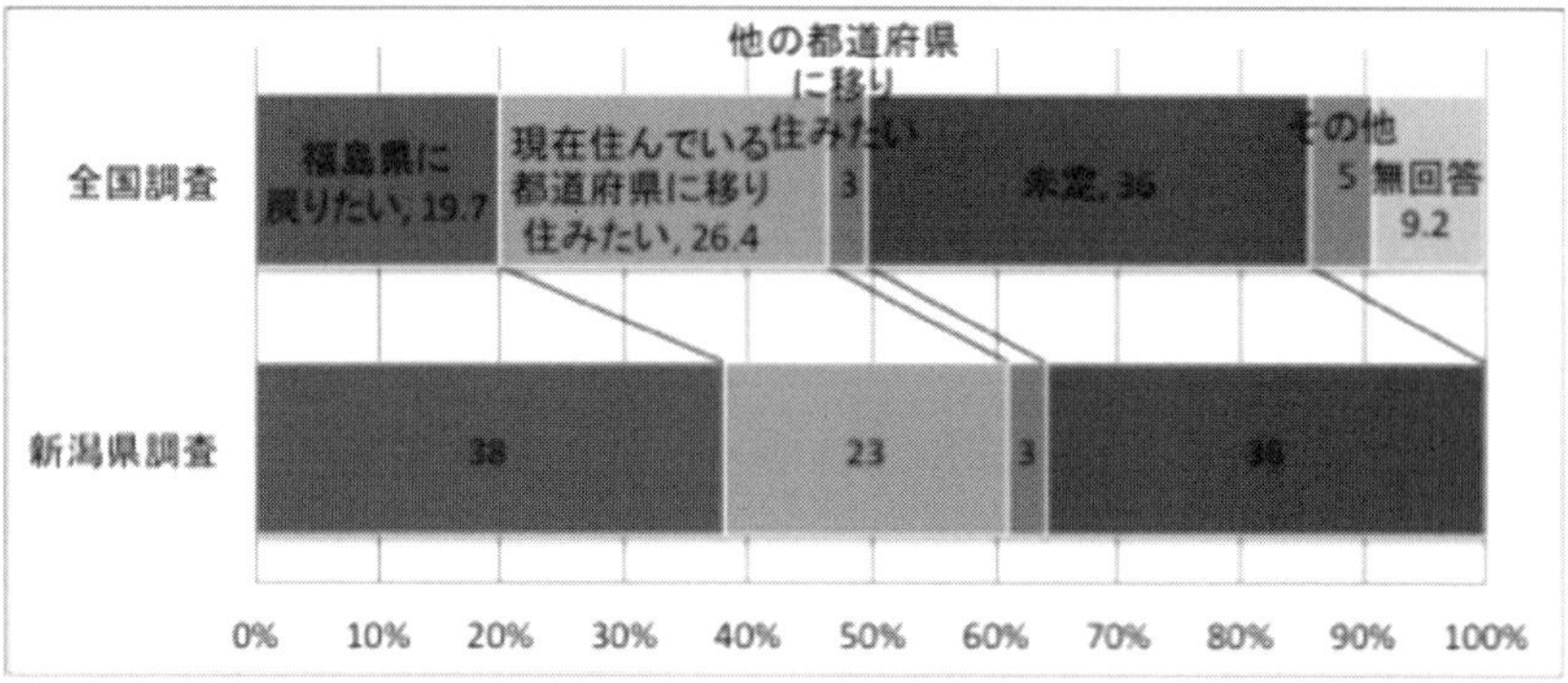

図２　今後の生活拠点についての考え

慣れや周囲の人間関係を理由に、現在の避難先に留まる選択をする人も増えています。

さらには事故後三年たっても、三・五割の人が、「全く未定」とこたえています。その理由も、やはり「放射線量」への懸念が最大の理由として挙げられています。「先行き不透明」「就職等の状況」などが、理由として続いています。

困りごと、要望

現在の生活で不安なこと、困っていることは、全国調査では「住まいのこと」（六一％）がトップであり、「身体の健康のこと」（六〇％）、「生活資金のこと」（六六％）、「心の健康のこと」（四八％）、「放射線影響のこと」（四三％）、「仕事のこと」（三二％）と続いています。他県の調査もほぼ同様の結果となっています。中でも「自主避難」の生活費負担の悩みは、どの調査でも突出しています。

このほかにも、困りごとは、「先行き不安」「避難先での暮らしや環境の変化」「家族離ればなれの生活による孤独感」「賠償関係の悩み」「余裕がない」「子育て上の悩み」など、多岐にわたります。生活が厳しさを増し、避難者が疲弊していることがわかります。

要望については、どの調査でも、高速道路無料化等の交通費助成、自主避難者への支援が高く、困りごとと一致しています。特に自主避難者による要望が高くなっています。この他、高齢者や要介護者の支援、避難先での医療や福祉の提供、内部被曝検査や甲状腺検査等の実施、借上げ住宅の借り換え、長期展望の提示、就職支援や斡旋、子ども一時預かりのサポートの要望など、多岐にわたります。

以上の調査から、多くの避難者が、生活基盤を失い、平穏な日常生活を失ったことがわかります。不確かな生活基盤のまま、家族がはなればなれになり、あるいは母子避難をし、経済的困窮に直面し、心の平穏を奪われ、心身とも不調にある避難者が、広範に存在しています。その多くの人々が、放射線の影響を深く憂慮し、将来の生活の青写真が描けない状況にあります。事故後三年経ち、報道は減りましたが、人間の安全保障を損ねるような危機的状況は今日も進行中であることを、アンケート調査結果は示しています。被災者の生活再建のために、今後も創発的な支援が展開されることが期待されます。

追記　アンケート調査結果の詳細は、以下でご覧いただけます。

・行政資料

＊新潟県県民生活・環境部広域支援対策課（二〇一二）「県外からの避難者の避難生活の状況およびニーズ把握に関する調査結果について」。

＊新潟県県民生活・環境部広域支援対策課（二〇一三）「避難生活の状況に関する調査」結果について」。

＊新潟県県民生活・環境部広域支援対策課（二〇一四）「避難生活の状況に関する調査」結果について」。

＊新潟県防災局広域支援対策課（二〇一一）「福島県からの避難者に対する今後の生活再建に関する意向調査の集計結果について」。
＊福島県生活環境部避難者支援課（二〇一四）「福島県避難者意向調査 全体報告書」。
＊復興庁（二〇一四）「避難者等の数」「避難者数の推移」。
＊山形県広域支援対策本部避難者支援班（二〇一一）「東日本大震災避難者アンケート調査集計結果」。
＊山形県広域支援対策本部避難者支援班（二〇一三）「避難者アンケート調査集計結果」。

・研究者による調査文献

＊群馬大学社会情報学部（二〇一三）『東日本大震災による群馬県内避難者に関する調査報告書』。
＊阪本公美子・匂坂宏枝（二〇一四）「三・一一震災から二年半経過した避難者の状況——二〇一三年八月栃木県内避難者アンケートより」『宇都宮大学国際学部研究論集』三八号、一—三四頁。
＊髙橋若菜（二〇一四）「福島県外における原発避難者の実情と受入れ自治体による支援——新潟県による広域避難者アンケートを題材として」『宇都宮大学国際学部研究論集』三八号、三五—五一頁。
＊原口弥生（二〇一三）「東日本大震災にともなう茨城県への広域避難者アンケート調査結果」。
＊山根純佳（二〇一三）「原発事故による「母子避難」問題とその支援：山形県における避難者調査のデータから」『山形大学人文学部研究年報』一〇号、三七—五一頁。

あとがき

このブックレットの原稿を編集しはじめてから、早くも一年の歳月が過ぎようとしています。この間の作業プロセスは、決して平坦なものではありませんでした。実際、いま完成稿の全体を見渡してみると、それぞれの何気ない発言や解説の一つひとつに、様々な背景や経緯が控えていたことを、感慨深く思い出さずにはいられません。

なかでも細心の注意を要したのは、椎谷照美さんのインタビューの構成・編集作業でした。これは、一人ひとりのお母さんたちのことを最大限に配慮された椎谷さんが、何度も確認と修正を重ねられたからです。こうした過程で、ほぼ全面的なカットに至った証言内容も、ひとつやふたつではありませんでした。

そこで、読者のみなさんにお願いがあります。本書の中で語られていることだけではなく、どうかそこでは語られていないことについて、想像をめぐらせてみてください。なぜ、たくさんの労力を注ぎこんで、お母さんたちに関する発言の修正をくりかえさなければならなかったのか？　本書に収められたすべての証言を熟読し、二つの解説と照らし合わせることで、そのことに思いを馳せていただければと思います。

このブックレットの企画は、編者の一人である髙橋が二〇一三年に立ち上げた「福島被災者に関する新潟記録研究会」の活動を通して、生まれたものです。この研究会は、福島原発事故が社会にどのような衝撃を与えたのか、被災者家族と受け入れ先の交錯を記録に残すことを目的として組織されました。研究会メンバーは、編者である髙橋と田口に加え、本書で解説を寄せた小池由佳先生、新潟大学人文学部教授の松井克浩先生、新潟県立大学国際地域学科教授の山中知彦先生、そして社団法人中越防災安全推進機構　復興デザインセンター長の稲垣文彦氏です。今後とも、様々な方々から聞き取らせていただいた証言を、シリーズの形で出版していければと考えています。

なお、この研究会は、稲盛財団による二〇一三年度研究助成を得て、立ち上げられました。本の泉社社長の比留川洋さんには、出版を二つ返事でご快諾いただきました。お世話になったすべての方々に深くお礼申しあげます。

二〇一四年九月二七日

髙橋若菜・田口卓臣

● Profile

〈編著者〉

高橋若菜（たかはし・わかな）

英国サセックス大学大学院修士課程修了、神戸大学大学院国際協力研究科博士後期課程修了、博士（政治学）。（財）地球環境戦略研究機関研究員を経て、宇都宮大学国際学部准教授（地球環境政治・比較環境政治）。著書に『国際関係論のフロンティア』（共著、ミネルヴァ書房、2003 年）。

田口卓臣（たぐち・たくみ）

東京大学大学院人文社会系研究科博士後期課程修了、博士（文学）。宇都宮大学国際学部准教授（フランス文学・西洋現代思想）。著書に『ディドロ　限界の思考』（単著、風間書房、2009 年）。

〈インタビュー対象者〉

椎谷照美（しいや・てるみ）

特定非営利活動法人ヒューマン・エイド 22 代表。新潟市新津育ちの森（通称：にいつ子育て支援センター育ちの森）館長。

〈著者（解説）〉

小池由佳（こいけ・ゆか）

大阪市立大学大学院生活科学研究科人間福祉学専攻（修士課程）修了。社会福祉・子ども家庭福祉。新潟県立大学人間生活学部准教授。著書に『社会的養護 (新・プリマーズ・保育・福祉)』（共著、ミネルヴァ書房、2012 年）。

〈挿絵〉

たかしまえいこ

パステル画家。

マイブックレットNo.28

お母さんを支えつづけたい――原発避難と新潟の地域社会

2014年11月13日　初版第1刷発行
編著者　髙橋若菜・田口卓臣
発行者　比留川　洋
株式会社　本の泉社
〒113-0033　東京都文京区本郷2-25-6
電話（03）5800-8494　FAX（03）5800-5353
印　刷　音羽印刷株式会社
製　本　株式会社　村上製本所
ISBN978-4-7807-1195-0　C2036